21世纪高等学校计算机规划教材

21st Century University Planned Textbooks of Computer Science

大学计算机应用技术基础教程

A Coursebook on Fundamentals of Computer

缪相林 闵亮 主编

何绯娟 古忻艳 参编

陆丽娜 主审

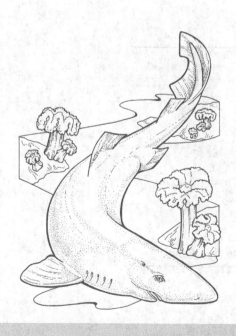

人民邮电出版社

北京

图书在版编目（CIP）数据

大学计算机应用技术基础教程 / 缪相林，闫亮主编
. -- 北京 ：人民邮电出版社，2017.8（2021.8重印）
21世纪高等学校计算机规划教材
ISBN 978-7-115-46375-3

Ⅰ. ①大… Ⅱ. ①缪… ②闫… Ⅲ. ①电子计算机－
高等学校－教材 Ⅳ. ①TP3

中国版本图书馆CIP数据核字(2017)第176542号

内 容 提 要

本书旨在培养大学生熟悉计算机基础理论知识，并为其掌握计算机应用技术技能奠定基础。

全书共分为7章，第1章介绍了计算机的基础知识；第2章介绍了计算机网络和多媒体应用；第3章介绍了 Windows 操作系统的主要功能及应用；第4～6章介绍了常用的 Office 工具软件基本操作及应用；第7章介绍了计算机中的数据表示方法及其应用。每章配有相应的练习题和案例分析与应用题，以便学生对所学知识进行实践练习和巩固。

本书适合作为高等院校学生的计算机基础教材或参考书，也可作为计算机培训班教材或计算机初学者的自学参考书。

◆ 主　编　缪相林　闫　亮
　　参　编　何绯娟　古忻艳
　　主　审　陆丽娜
　　责任编辑　张　斌
　　责任印制　陈　犇

◆ 人民邮电出版社出版发行　　北京市丰台区成寿寺路 11 号
　　邮编 100164　电子邮件 315@ptpress.com.cn
　　网址 http://www.ptpress.com.cn
　　固安县铭成印刷有限公司印刷

◆ 开本：787×1092　1/16
　　印张：12.5　　　　　　　　　2017 年 8 月第 1 版
　　字数：328 千字　　　　　　　2021 年 8 月河北第 11 次印刷

定价：35.00 元

读者服务热线：(010)81055256　印装质量热线：(010)81055316
反盗版热线：(010)81055315
广告经营许可证：京东市监广登字20170147号

前　言

　　"大学计算机应用技术基础"是一门涉及计算机基础理论、计算机硬件、计算机软件和计算机网络等诸多知识领域的课程。在国家大力推行互联网+、中国制造2025和工业4.0的大背景下，这门课程在大学教学中的地位显得尤为重要。预计在今后的若干年内，将有越来越多的高校把计算机应用技术基础课程开设为必修课，只是不同层次的大学和不同专业的学生根据专业需要，所学知识的深度和广度会有所不同。

　　本书作为大学计算机公共课的教材，讲解深入浅出，实用性强，在注重系统性和科学性的基础上，突出了实用性和可操作性，对重点概念和操作技能进行详细讲解，语言流畅，内容丰富，符合计算机基础教学的规律。

　　本书用浅显的语言介绍了计算机基本理论，辅之相应的实例对理论和概念加以讲解，并对计算机科学领域的新知识和新概念给予必要的介绍。为照顾不同专业、不同层次学生的需求，本书增加了计算机网络技术、多媒体技术等方面的基本内容，使学生的计算机知识和应用能力得到扩展。

　　本书在编写过程中参考了全国计算机应用技术水平初级考试要求的内容，学生在学完本书后，即可参加"计算机技术与软件专业技术资格（水平）考试"中的初级专业资格考试。该考试是由国家人力资源和社会保障部及工业和信息化部组织的国家级考试，对于非计算机专业的大学生来说，获得国家级计算机资格技能证书，对他们将来的就业会有很大帮助。

　　本书由西安交通大学城市学院计算机系的缪相林教授、闵亮老师担任主编，陆丽娜教授担任主审，参加本书编写的还有计算机系的何绯娟和古忻艳老师。

　　由于时间仓促，加之水平有限，书中难免有不妥之处，希望广大读者批评指正。

编　者

2017 年 6 月

目　录

第1章
计算机基础知识

随着现代科技的日益发展，计算机以其崭新的姿态伴随人类迈入了新的世纪。它以快速、高效、准确的特性，成为人们日常生活与工作的最佳帮手，熟练地操作计算机是每个职业人员必备的技能。本章将介绍计算机的产生和发展、计算机系统组成、工作原理及其各部分的特性和信息处理的相关基本知识。

1.1　计算机发展简史

1.1.1　计算机的产生

1946 年 2 月，诞生了第一台通用电子计算机Electronic Numerical Integrator And Computer，即电子数字积分计算机，简称为"埃尼阿克"（ENIAC）。它是由美国宾夕法尼亚大学莫奇利和埃克特领导的研究小组研制的。这台计算机由 17468 个电子管、6 万个电阻器、1 万个电容器和 6000 个开关组成，重达 30 吨，占地 160 平方米，耗电功率 174 千瓦，耗资 45 万美元，如图 1-1 所示。ENIAC 采用的是十进制，每秒只能运行 5000 次加法运算，仅相当于一个电子数字积分计算机，和现在的计算机相比，还不如一些高级袖珍计算器。但 ENIAC 的诞生为人类开辟了一个崭新的信息时代，使人类社会发生了巨大的变化。

图 1-1　ENICA

ENIAC 本身存在两大缺点：

① 没有存储器；

② 它用布线接板进行控制，甚至要搭接几天，计算速度也就被这一工作抵消了。

ENIAC 的研发人员之一、数学家冯·诺依曼提出了两个非常重要的思想：

① 采用二进制表示数据和指令；

② 采用存储器存储数据和指令序列（程序）。

根据这一原理制造的计算机被称为冯·诺依曼结构计算机，世界上第一台冯·诺依曼结构计算机是 1949 年研制的离散变量自动计算机（Electronic Discrete Variable Automatic Computer，

EDVAC）。由于冯·诺依曼对现代计算机技术的突出贡献，因此他又被称为"计算机之父"。现代计算机绝大多数都是采用冯·诺依曼计算机体系结构。

冯·诺依曼计算机体系结构明确阐明了计算机由五个部分组成，包括：运算器、逻辑控制装置、存储器、输入和输出设备，并描述了这五部分的职能和相互关系，为计算机的设计树立了一座里程碑。

1.1.2　计算机的发展历史

人类所使用的计算工具是随着生产的发展和社会的进步，从简单到复杂、从低级到高级发展而来。相继出现了算盘、计算尺、手摇机械计算机、电动机械计算机等各种计算工具。1946年，世界上第一台通用电子计算机（ENIAC）在美国诞生。

电子计算机在短短的几十年里经过了电子管、晶体管、集成电路（IC）和超大规模集成电路（VLSI）四个阶段的发展。计算机的体积越来越小，功能越来越强，价格越来越低，应用越来越广泛。目前电子计算机正朝着智能化（第五代）计算机方向发展。

1. 第一代电子计算机（1946—1958年）

第一代计算机又称为电子管计算机。它们体积较大，运算速度较低，存储容量不大，而且价格昂贵，使用也不方便，为了解决一个问题，所编制的程序的复杂程度难以表述。这一代计算机主要用于科学计算，只在重要部门或科学研究部门使用。

2. 第二代电子计算机（1958—1965年）

第二代计算机也称晶体管计算机。它们全部采用晶体管作为电子器件，其运算速度比第一代计算机的速度提高了近百倍，体积为原来的几十分之一。在软件方面开始使用计算机算法语言。这一代计算机不仅用于科学计算，还用于数据处理和事务处理及工业控制。

3. 第三代电子计算机（1965—1970年）

第三代计算机属于中小规模集成电路计算机。这一时期计算机的主要特征是以中、小规模集成电路为电子器件，并且出现了操作系统，计算机的功能越来越强，应用范围越来越广。它们不仅用于科学计算，还用于文字处理、企业管理、自动控制等领域，出现了计算机技术与通信技术相结合的信息管理系统，可用于生产管理、交通管理、情报检索等领域。

4. 第四代电子计算机（1970年至今）

第四代计算机属于超大规模集成电路计算机，是采用大规模集成电路（LSI）和超大规模集成电路（VLSI）为主要电子器件制成的计算机。例如80386微处理器，在面积约为10mm×10mm的单个芯片上，可以集成大约32万个晶体管。

第四代计算机的另一个重要分支是以大规模、超大规模集成电路为基础发展起来的微处理器和微型计算机。微型计算机的性能主要取决于它的核心器件——微处理器（CPU）的性能。

1.1.3　计算机的特点

计算机的基本特点如下。

1. 记忆能力强

在计算机中有容量很大的存储装置，不仅可以长久性地存储大量的文字、图形、图像、声音等信息资料，还可以存储指挥计算机工作的程序。

2. 计算精度高与逻辑判断准确

计算机具有人类无法达到的高精度控制或高速操作功能。也具有可靠的判断能力，以实现计算机工作的自动化，从而保证计算机控制的判断可靠、反应迅速、控制灵敏。

3．高速的处理能力

计算机具有神奇的运算速度，其速度可达到每秒几十亿次乃至上百亿次。例如，为了将圆周率 π 的近似值计算到小数点后 707 位，一位数学家曾为此花十几年的时间，而如果用现代的计算机来计算，瞬间就能完成小数点后 200 万位。

4．自动完成各种操作

计算机是由内部控制和操作的，只要将事先编制好的应用程序输入计算机，计算机就能自动按照程序规定的步骤完成预定的处理任务。

1.1.4　计算机的应用

计算机的应用领域已渗透到社会的各行各业，正在改变着传统的工作、学习和生活方式，推动着社会的发展。计算机的主要应用领域如下。

1．科学计算（或数值计算）

科学计算是指利用计算机来完成科学研究和工程技术中提出的数学问题的计算。在现代科学技术工作中，科学计算问题是大量的和复杂的。利用计算机的高速计算、大存储容量和连续运算的能力，可以实现人工无法解决的各种科学计算问题，如地震预测、气象预报、航天技术等。

2．数据处理（或信息处理）

数据处理是指对各种数据进行收集、存储、整理、分类、统计、加工、利用、传播等一系列活动的统称。据统计，80% 以上的计算机主要用于数据处理，是计算机应用的主导方向。

如电子数据处理（Electronic Data Processing，EDP），是以文件系统为手段，实现一个部门内的单项管理；管理信息系统（Management Information System，MIS），是以数据库技术为工具，实现一个部门的全面管理，以提高工作效率；决策支持系统（Decision Support System，DSS）是以数据库、模型库和方法库为基础，帮助管理决策者提高决策水平，改善运营策略的正确性与有效性等。目前，数据处理已广泛地应用于办公自动化、企事业计算机辅助管理与决策、情报检索、图书管理、电影电视动画设计、会计电算化等各行各业。信息正在形成独立的产业，多媒体技术使信息展现在人们面前的不仅是数字和文字，也有声情并茂的声音和图像信息。

3．辅助技术

计算机辅助技术（或计算机辅助设计与制造）包括 CAD、CAM 和 CAI 等。

（1）计算机辅助设计

计算机辅助设计（Computer Aided Design，CAD）是利用计算机系统辅助设计人员进行工程或产品设计，以实现最佳设计效果的一种技术。它已广泛地应用于飞机、汽车、机械、电子、建筑和轻工等领域。

（2）计算机辅助制造

计算机辅助制造（Computer Aided Manufacturing，CAM）是利用计算机系统进行生产设备的管理、控制和操作的过程。将 CAD 和 CAM 技术集成，实现设计生产自动化。这种技术被称为计算机集成制造系统（CIMS）。它的实现将真正做到无人化工厂（或车间）。

（3）计算机辅助教学

计算机辅助教学（Computer Aided Instruction，CAI）是在计算机辅助下进行的各种教学活动，以对话方式与学生讨论教学内容、安排教学进程、进行教学训练的方法与技术。CAI 为学生提供一个良好的个人化学习环境。综合应用多媒体、超文本、人工智能和知识库等计算机技术，克服了传统教学方式上单一、片面的缺点。它的使用能有效地缩短学习时间、提高教学质量和教学效率，实现最优化的教学目标。

4．过程控制

过程控制是利用计算机及时采集检测数据，按最优值迅速地对控制对象进行自动调节或自动控制。采用计算机进行过程控制，不仅可以大大提高控制的自动化水平，而且可以提高控制的及时性和准确性，从而改善劳动条件、提高产品质量及合格率。因此，计算机过程控制已在机械、冶金、石油、化工、纺织、水电、航天等部门得到广泛地应用。

5．人工智能

人工智能（Artificial Intelligence）是计算机模拟人类的智能活动，诸如感知、判断、理解、学习、问题求解和图像识别等。现在人工智能的研究已取得不少成果，有些已开始走向实用阶段。例如，能模拟高水平医学专家进行疾病诊疗的专家系统，具有一定思维能力的智能机器人等。

6．网络应用

计算机技术与现代通信技术的结合构成了计算机网络。计算机网络的建立，不仅解决了一个单位、一个地区、一个国家中计算机与计算机之间的通信问题，也解决了各种软、硬件资源的共享问题，还促进了国际间的文字、图像、视频和声音等各类数据的传输与处理。

1.2　计算机系统基础知识

1.2.1　计算机系统组成

计算机系统由计算机硬件系统和计算机软件系统两大部分组成。计算机硬件系统由一系列电子元器件及有关设备按照一定逻辑关系连接而成，是计算机系统的物质基础。计算机软件系统由系统软件和应用软件组成。计算机软件指挥、控制计算机硬件系统，使之按照预定的程序运行。计算机硬件相当于计算机的躯体，计算机软件相当于计算机的灵魂。一台不装备任何软件的计算机称为裸机。计算机系统的组成如图 1-2 所示。

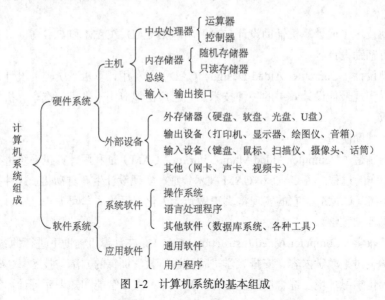

图 1-2　计算机系统的基本组成

1.2.2　计算机基本工作原理

70 多年来，计算机技术得到了长足的发展，类型已经多种多样，性能、结构、应用领域也都有很大变化。但为了叙述计算机的基本工作原理，我们仍以冯·诺依曼提出的模型为例介绍它的组成和各部分的功能。诺依曼提出的计算机系统由运算器、控制器、存储器、输入设备、输出设备五大功能部件组成，计算机的系统结构如图 1-3 所示。

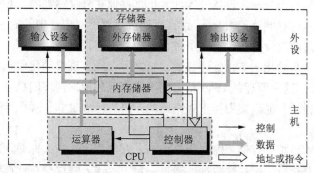

图 1-3　冯·诺依曼计算机硬件基本结构

1.　运算器与控制器

运算器和控制器结合在一起，称为中央处理器（CPU）。运算器是按照指令功能，在控制器作用下，对信息进行加工与处理的部件，可以进行算术运算和逻辑运算。运算器包括寄存器、执行部件和控制电路 3 个部分。运算器能执行多少种操作和操作速度的快慢，标志着运算器能力的强弱，甚至标志着计算机本身的能力。运算器的基本操作包括加、减、乘、除四则运算，与、或、非、异或等逻辑操作，以及移位、比较和传送等操作。

运算器的基本功能如下。

① 对数值数据进行算术/逻辑运算；

② 暂存参与运算的数据中间结果或最终结果；

③ 操作数据、数据单元的选择。

控制器是计算机中的控制部件，它用来协调和控制计算机各个部件的工作。控制器主要由程序计数器（PC）、指令寄存器（IR）、指令译码器、时序信号产生器、操作控制信号形成部件等部件组成。

控制器的基本功能如下。

① 取指令：从内存取出指令（码）送 CPU；

② 分析指令：对指令码进行分析译码，判断其功能、操作数寻址方式等；

③ 执行指令：根据指令分析的结果，执行相应操作。

2.　存储器

存储器是指具有记忆功能的物理器件，用于存储信息，分为内部存储器（内存）和辅助存储器（外存）。

内存是指半导体存储器，分为只读存储器（ROM）和随机存储器（RAM）。ROM 只可读出，不能写入，断电后存放在里面的数据仍可保存；RAM 可随意写入读出，但断电后数据将丢失。

辅助存储器是指磁性存储器（硬盘）和光电存储器（光盘）等。它是内存的扩充，可以作为永久性存储器。

3. 输入/输出设备

输入设备是用来接受用户输入的原始数据和程序，并将它们变为计算机能识别的形式（二进制数）存放到内存中的设备。常见的输入设备有键盘、鼠标、扫描仪、摄像头等。

输出设备是用于将存放在内存中计算机处理的结果转化为人们所能接受的形式的设备。常见的输出设备有显示器、打印机、绘图仪等，除此之外还有音箱、投影仪、电视机等。

4. 工作原理

各种各样的外部信息通过输入设备进入计算机，存储在外存储器内，然后控制器通过指令将外存储器中的信息导入内存储器（内存），计算机通过运算器对内存中的输入信息进行加工处理，最后将处理的结果通过输出设备输出，整个过程由控制器进行控制。

现代计算机是一个自动化的信息处理装置。它之所以能实现自动化信息处理，是由于采用了"存储程序"工作原理。这一原理是 1946 年由冯·诺依曼和他的同事们在一篇题为《关于电子计算机逻辑设计的初步讨论》的论文中提出并论证的。这一原理确立了现代计算机的基本组成和工作方式。

计算机工作的基本思想是存储程序与程序控制。存储程序是指人们必须事先把计算机的执行步骤序列（即程序）及运行中所需的数据，通过一定方式输入并存储在计算机的存储器中。程序控制是指计算机运行时能自动地逐一取出程序中一条条指令，加以分析并执行规定的操作。尽管计算机发展迅速，但到目前为止，其基本工作原理仍然没有改变。根据存储程序和程序控制的概念，在计算机运行过程中，实际上有两种信息在流动：一种是数据流，包括原始数据和指令，在程序运行前已经预先送至主存中，而且都是以二进制形式编码的，在运行程序时数据被送往运算器参与运算，指令被送往控制器；另一种是控制信号，由控制器根据指令的内容发出，指挥计算机各部件执行指令规定的各种操作或运算，并对执行流程进行控制，这里的指令必须能够被计算机直接理解和执行。

1.2.3　计算机系统的硬件组成及其主要性能

计算机的硬件系统主要由主机和外围设备组成。主机包括中央处理器（CPU）和内存储器等。外围设备主要包括输入设备和输出设备、辅助存储器及其他设备（如网卡、声卡等）。了解计算机各部件的基本功能特性，有助于更好地使用计算机，也可以帮助我们在选择计算机时做到心中有数。

1. 主板

主板（Mainboard 或 Motherboard）是计算机主机中最大的一块长方形电路板。主板是主机的躯干，CPU、内存、声卡、显卡等部件都以某种形式和它连接才能工作。所以说，主板是机箱内非常重要的一个部件。计算机运行时出现各种问题，很多都和它有关，所以主板一定要性能稳定。目前使用比较多的主板品牌有华硕、微星、技嘉等。

2. 中央处理器

运算器与控制器一起称为中央处理器（Central Processing Unit，CPU），它们集成在一块芯片上。从计算机外观看不到 CPU，它在计算机的机箱内部，插在主板上。

CPU 是计算机中最核心、最重要的部件。目前市场上的 CPU 主要是 Intel 和 AMD 两家公司生产的。Intel 台式机 CPU 品牌主要包括赛扬（Celeron，入门级）、奔腾（Pentium，中低端）、酷睿（Core，中高端），目前已经发展到酷睿 i7 处理器；服务器 CPU 品牌包括奔腾（Pentium）、至强（Xeon）和安腾（Itanium）。AMD 公司 CPU 品牌为闪龙（Sempron）、速龙（Athlon）、羿龙（Phenom）、

A 系列和 FX 系列等，分别对应入门级到高端级的产品。

3. 存储器

存储器通常分为内存储器和外存储器两大类。

（1）内存储器

内存储器又称主存储器，它插在主板上，是计算机中数据存储和交换的部件。因为 CPU 工作时需要与外部存储器（如硬盘、软盘、光盘）进行数据交换，但外部存储器的速度却远远低于 CPU 的速度，所以就需要一种工作速度较快的设备在其中完成数据暂时存储和交换的工作，这就是内存的主要作用。内存最常扮演的角色就是为硬盘与 CPU 传递数据。

内存根据基本功能分为随机存储器（Random Access Memory，RAM）、只读存储器（Read Only Memory，ROM）和高速缓冲存储器（简称高速缓冲，Cache）。

① RAM。RAM 就是通常所说的主板上的内存条，计算机的内存性能主要取决于 RAM。它的特点是其中存放的内容可随机供 CPU 读写，但断电后，存放的内容就会全部丢失。目前常见的 RAM 容量有 1GB、2GB、4GB 乃至更大容量，随着计算机的发展，RAM 的容量也在不断增大。目前市场上的内存品牌主要有金士顿、胜创、金邦、宇瞻等。

② ROM。ROM 是一种只能读出不能写入的存储器，断电后，其中的内容不会丢失。通常用于存放固定不变执行特殊任务的程序。计算机系统的初始化及操作系统引导程序就是由计算机厂家固化在 ROM 中。目前常用的 ROM 是可擦除可编写的只读存储器（EPROM）

③ Cache。在微型计算机中，RAM 的存取速度一般会比 CPU 的速度慢一个等级，这一现象严重影响了微型计算机的运行速度。为此，引入了高速缓冲器（Cache），它的存取速度与 CPU 的速度相当。Cache 在逻辑上位于内存和 CPU 之间，其作用是加快 CPU 与 RAM 之间的数据交换速率。Cache 技术的原理是将当前急需执行及使用频率高的程序和数据复制到 Cache 中，CPU 读写时，首先访问 Cache。如果能在 Cache 中访问到较多的数据，这样就能大大提高系统执行的速度。Cache 速度较快，其价格也比较高。

（2）外存储器

外存储器又称辅助存储器（简称辅存或外存）。相对内存来说，外存容量大，价格便宜，但存取速度慢，是内存的后备和补充，主要用于存放待运行的信息，或需要永久保存的程序和数据。CPU 不能直接访问外存的程序和数据，必须将这些程序和数据读入内存后，才可被 CPU 读取。目前常见的外存有硬盘、光盘、U 盘、移动硬盘等。

① 硬盘存储器。硬盘驱动器（Hard Disk Drive，HDD，或 HD）通常又被称为硬盘，它安装在主机的里面，所以我们很少见到它。硬盘是计算机的主要外部存储设备，计算机上的文件就是存在硬盘里的。硬盘的读写速度快，容量大，可靠性高、价格低。现在台式计算机上一般配置硬盘容量在 500GB 以上。选择硬盘还要考虑其转速，转速越快，硬盘的存取速度越快，价格相对也高些。

② 移动硬盘和 U 盘。移动硬盘和 U 盘（Flash Memory，闪存存储器）是两种可随身携带的外存储器，通过 USB 接口（Universal Serial Bus，是一种高速的通用接口）与主机相连，可以像在硬盘上一样读写。它们无需驱动器和额外电源，可以热插拔。

目前移动硬盘容量可达到 1000GB（1TB）以上，U 盘容量也可到 128GB 乃至更大。U 盘体积小，轻巧精致，易于携带，且它读写速度快，有的 U 盘还带写保护开关，可防病毒，安全可靠。

③ 光盘存储器。计算机常用的光盘有 CD 光盘、DVD 光盘和蓝光光盘等类型。常用的光盘存储器可分为下列几种。

只读型光盘存储器（Compact Disk-Read Only Memory，CD-ROM）。这种光盘存储器的盘片是由生产厂家预先写入程序或数据，用户只能读取而不能写入或修改。

只写一次型光盘存储器（Compact Disk-Write Once，Read Many，CD-WORM）。这种光盘存储器的盘片可由用户写入信息，但只能写入一次。写入后，信息将永久地保存在光盘上，可以多次读出，但不能重写或修改。

可重写型光盘存储器。这种光盘存储器类似于磁盘，可以重复读写，其写入和读出信息的原理随使用的介质材料不同而不同。例如，用磁光材料记录信息的原理是利用激光束的热作用改变介质上局部磁场的方向来记录信息，再利用磁光效应来读出信息。

光盘存储器具有下列优点。

第一，存储容量大，如一片 CD-ROM 格式的光盘可存储 600MB 的信息，而采用一片 DVD 格式的光盘其容量可达 10GB 的级别。因此，这类光盘特别适于多媒体的应用。如用一张 DVD 光盘就可以存放一整部电影。

第二，可靠性高，如不可重写的光盘（CD-ROM，CD-WORM）上的信息几乎不可能丢失，特别适用于档案资料管理。

第三，存取速度高。

由于光盘存储器的上述优点，现在已广泛地应用于计算机系统中。

4. 输入设备

输入设备的功能是将数据、程序或命令转换为计算机能够识别的形式送到计算机的存储器中。输入设备的种类很多，微型机上常用的设备有以下几种。

（1）键盘。键盘是常用的输入设备。它是通过电缆插入键盘接口与主机相连接。标准键盘共有 101 个按键，可分为四个区域：主键盘区、小键盘区、功能键区和编辑键区。

（2）鼠标。鼠标与计算机之间的接头目前常见有 PS/2（圆头）和 USB（扁头）两种。鼠标一般有 2 个键（左、右键）或 3 个键（左、中、右键）。当鼠标与计算机连接好后，在计算机屏幕上会出现一个"指针光标"，其形状一般为一个箭头。

（3）扫描仪。扫描仪是把已经拍好的照片、报纸杂志上的图像或影像及文字等通过扫描后保存到计算机里。近年来，扫描仪又加入了 OCR 功能，可以把书写在纸上的文字经扫描后自动转成计算机里可编辑的文本，这样，可以大大减少文字录入量。

（4）摄像头。它是一种数字视频的输入设备，利用光电技术采集影像，通过内部的电路把这些代表像素的"点电流"转换成为能够被计算机所处理的数字信号的 0 和 1，而不像视频采集卡那样首先用模拟的采集工具采集影像，再通过专用的模数转换组件完成影像的输入。

5. 输出设备

输出设备的功能是将内存中经 CPU 处理的信息以人们能接受的形式输送出来。输出设备的种类很多，微型机上常用的输出设备有以下几种。

（1）打印机。打印机也是计算机常用的输出设备。目前常用的打印机有点阵打印机、喷墨打印机、激光打印机等。具体使用方法请参考打印机使用手册。

常用的打印机品牌有 HP、Canon 和 Epson 等。

（2）显示器。显示器是计算机最基本的输出设备，也是必不可少的输出工具。其工作原理与电视机的工作原理基本相同。以前用的多是 14 英寸和 15 英寸 CRT 显示器，目前主要使用 17 英寸、19 英寸、21 英寸等更大尺寸的液晶显示器。分辨率是显示器的重要指标之一。

目前常用的显示器品牌有三星、LG、优派、明基、飞利浦等。

其他多媒体输出设备还有投影仪、绘图仪、音箱、语音输出合成器和缩微胶片等。

 　　计算机系统性能的评价是一个比较复杂的问题，任何一种型号的计算机都有其特点，因此对计算机系统性能的评价应该是全面且综合的。

1.2.4　计算机的软件组成及其主要功能

计算机软件系统是指计算机系统所使用的各种程序以及有关资料的集合，通常分为系统软件和应用软件两大类，它的组织体系如图 1-4 所示。

（1）系统软件

系统软件是指负责管理、监控、维护、开发计算机的软硬件资源，在用户与计算机之间提供一个友好的操作界面和开发应用软件的环境，常用的系统软件有操作系统、程序设计语言和语言编译程序、数据库管理系统、网络软件和系统服务程序

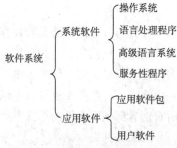

图 1-4　计算机软件组织结构图

等。这类软件是人与计算机联系的桥梁，其主要任务是简化计算机的操作，使得计算机硬件所提供的功能得到充分利用。有了这个桥梁，人们可以方便地使用计算机。

系统软件一般由计算机开发商提供的。在计算机上，系统软件配备得越丰富，机器发挥的功能就越充分，用户使用起来就越方便。因此，用户熟悉系统软件，就可以有效地使用和开发应用软件。

系统软件有如下特点。

① 通用性。系统软件的功能不依赖于特定的用户，无论哪个应用领域的用户都要用到它。

② 基础性。其他软件都要在系统软件的支持下编写和运行。

（2）应用软件

应用软件是为了解决某些具体问题而开发和研制的各种应用软件。应用软件可以是应用软件包，也可以是用户定制的程序。应用软件包包括文字处理软件（如 Word、WPS）、电子表格软件（如 Excel）、图形软件（如 Photoshop）等。应用定制程序如某单位的信息管理系统、工资管理程序等。

1.2.5　信息存储与文件系统

1. 信息存储

信息存储是指对所采集的信息进行科学有序地存放、保管以便使用的过程。它包括三层含义：一是将所采集的信息按照一定的规则记录在相应的信息载体上；二是将这些信息载体按照一定的特征和内容性质组成系统有序的、可供检索的集合；三是应用计算机等先进技术和手段提高存储的效率和信息利用水平。

信息存储经历了以下 4 个发展阶段。

（1）手工信息存储。在计算机发明之前，人们对信息的存储主要依赖于纸和笔，信息存储的表现形式是各种出版物、记录、报表、文件和报告等。

（2）文件方式的信息存储。使用计算机来存储信息。计算机主要以文件方式对数据进行存储。当然，文件中数据存储有多种不同的存储格式。

（3）数据库方式的信息存储。文件存储信息存在数据冗余、修改和并发控制困难、缺少数据

与程序之间的独立性等问题。于是对信息的组织和管理，实现对大量数据的有效查询、修改等操作，可以通过专门的数据处理软件建立数据库进行信息存储。

（4）数据仓库方式的信息存储。数据库存储方式是从信息管理的角度来考虑信息存储科学化，而数据仓库存储方式则是从决策角度出发，按主题、属性（多维）等进行信息的组织，使信息方便地被高层决策者所利用。

2. 文件系统

（1）文件

存储器分为内存储器和外存储器，外存储器中的所有信息都是以文件的形式存储的。所谓文件，是指存放在磁盘、光盘等各种辅助存储器（外存储器）上的、具有唯一名字的一组相关信息的集合。例如，将一份报告输入计算机中，给其命名一个名字存储到硬盘上就形成了一个文件。一段声音、一张照片也可以存储到计算机辅助存储器中形成文件。总之，计算机辅助存储器中的所有信息都是以文件的形式存放的。

（2）文件夹

为了对辅助存储器中的文件进行组织和管理，操作系统引入了文件夹的概念。文件夹相当于图书馆中的书库或各级书架，文件相当于图书馆中的图书。为了查找、管理图书，可以给书库命名，给各级书架命名。计算机中的文件夹也必须有一个名称，而且文件夹中还可以包含文件夹或文件，但文件中不能包含文件夹。

通常将每个外存储器的第一层文件夹称之为根文件夹（根目录），套在根文件夹或其他文件夹中的文件夹称为子文件夹（子目录）。各层文件夹形成一个层次结构。一般不允许同一个文件夹中存在名称完全相同的文件。

（3）文件路径

查找文件夹中的某个文件时，必须先指明在哪个文件夹中查找，这就是路径，通过文件路径可以说明文件的存储位置。文件路径分为绝对路径和相对路径。绝对路径是从根文件夹开始到目标文件夹所经过的各级文件夹。若当前文件夹是 C 盘中某一个文件夹，则可从当前文件夹开始到目录文件夹所经过的各级文件夹，这称为相对路径。

（4）文件及文件夹命名

为了便于存取和管理文件，每个文件和文件夹都要有一个名字。文件名由主文件名和扩展名两部分组成，中间用"."分开。文件名表示文件的名称，扩展名表示文件的类型。

（5）文件的分类

通过文件的扩展名可以说明文件的类型，如表 1-1 所示。

表 1-1　　　　　　　　　　　　　常用文件类型和扩展名

文件类型	扩　展　名
文本与文档文件	.txt，.doc，.rbf，.pdf
可执行文件	.exe，.com
备份文件	.bak
图片文件	.bmp，.jpg，.gif
影音文件	.avi，.wav，.mp3，.mp4，.mid
压缩文件	.zip，.rar，.arj，.jar，.lzh
语言源程序文件	.c，.cpp，.java，asm

续表

文件类型	扩 展 名
二进制数据文件	.dat
帮助文件	.hlp
批处理文件	.bat
网页浏览器文件	.htm，.html
暂存（临时）文件	.tmp

1.3　习　　题

一、选择题

1. 关于计算机的使用和维护，下列叙述中错误的是（　　）。

　　A. 计算机要经常使用，不要长期闲置不用

　　B. 在计算机附近应避免磁场干扰

　　C. 为了延长计算机的寿命，应避免频繁开关计算机

　　D. 为了省电，每次最好只打开一个程序窗口

2. 计算机内数据采用二进制表示是因为二进制数（　　）。

　　A. 最精确　　　　　　　B. 最容易理解　　　　　C. 最便于硬件实现　　　　　D. 运算最快

3. 若磁盘的转速提高一倍，则（　　）。

　　A. 平均存取时间减半　　　　　　　　　　　B. 平均寻道时间减半

　　C. 存储道密度提高一倍　　　　　　　　　　D. 平均寻道时间不变

4. 计算机运行时的指令、程序、需处理的数据和运行结果存放于主存中。以下存储在（　　）中的内容是不能用指令来修改的。

　　A. RAM　　　　　　　B. ROM　　　　　　　C. 硬盘　　　　　　　　　D. SRAM

5. 主板（也称母板或系统板）是计算机硬件系统集中管理的核心载体，几乎集中了全部系统功能，是计算机中的重要部件之一。下图所示的主板的①处是（　　），②处是（　　），③处是（　　）。

①　A. CPU 插槽　　　　　B. 内存插槽　　　　　　C. PCI 插槽　　　　　　D. IDE 插槽

② A．CPU 插槽   B．内存插槽   C．PCI 插槽   D．IDE 插槽

③ A．CPU 插槽   B．内存插槽   C．PCI 插槽   D．IDE 插槽

6．鼠标器按检测原理可分为机械式和（   ）两种。

     A．电阻式和轨迹球式   B．轨迹球式和光电式

     C．扫描式和轨迹球式   D．电阻式和光机式

7．计算机在接通电源后，系统首先由（   ）程序对内部每个设备进行测试。

     A．POST   B．CMOS   C．ROM BIOS   D．DOS

8．与外存相比，内存的特点是（   ）。

     A．容量大、速度快、成本低   B．容量大、速度慢、成本高

     C．容量小、速度快、成本高   D．容量小、速度慢、成本低

9．在计算机运行时，存取速度最快的是（   ）。

     A．CPU 内部寄存器   B．计算机的高速缓存 Cache

     C．计算机的主存   D．大容量磁盘

10．以下存储介质，数据存储量最大的是（   ）。

     A．CD-R   B．CD-RW

     C．DVD-ROM   D．软盘（Floppy Disk）

11．从功能上说，计算机由输入设备、输出设备、（   ）和 CPU 组成。

     A．键盘和打印机   B．系统软件   C．各种应用软件   D．存储器

12．PC 机的更新主要是基于（   ）的变革。

     A．软件   B．微处理器   C．存储器   D．磁盘的容量

13．与外存储器相比，RAM 内存储器的特点是（   ）。

     A．存储的信息永不丢失，但存储容量相对较小

     B．存取信息的速度较快，但存储容量相对较小

     C．关机后存储的信息将完全丢失，但存储信息的速度不如软盘

     D．存储的容量很大，没有任何限制

14．计算机机房中使用 UPS 的作用是（   ）。

     A．当计算机运行突遇断电，能紧急提供电源，保护计算机中的数据免遭丢失

     B．使计算机运行得更快些

     C．减少计算机运行时的发热量

     D．降低计算机工作时发出的噪声

15．用高级语言编写的程序成为（   ）。

     A．目标程序   B．可执行程序   C．源程序   D．编译程序

16．在微型计算机中，硬盘驱动器属于（   ）。

     A．外存储器   B．只读存储器   C．顺序存储器   D．主存储器

17．专家系统属于计算机在（   ）方面的应用。

     A．科学计算   B．人工智能   C．信息处理   D．计算机辅助

18．（   ）打印机打印的速度比较快，分辨率比较高。

     A．字符式   B．激光式   C．击打式   D．点阵式

19．下列叙述不正确的是（   ）。

     A．显卡的质量可以直接影响输出效果

　　B. 鼠标作为基本的输入设备，使用频率相当高，购买时应考虑质量和手感

　　C. 电源的质量不会影响计算机的整体性能

　　D. 现在的主板一般都会集成声卡、网卡

20. 计算机采用二进制的好处不包括（　　　　）。

　　A. 运算规则简单　　　　　　　　　　　　B. 降低存储成本

　　C. 便于人们理解　　　　　　　　　　　　D. 可采用二稳态的元件

21. 下图主板接口中，①处是（　　　），②处可以接的设备是（　　　），③处可以接的设备是（　　　）。

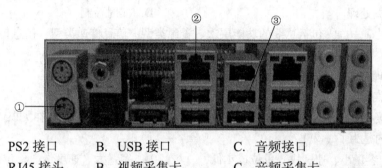

　　① A. PS2 接口　　　B. USB 接口　　　　C. 音频接口　　　　D. 网络接口

　　② A. RJ45 接头　　　B. 视频采集卡　　　C. 音频采集卡　　　D. 无线路由

　　③ A. 内存储器　　　B. 总线　　　　　　C. 外存储器　　　　D. 视频采集卡

22. 计算机由运算器、存储器、（　　　）、输入设备和输出设备五大功能部件组成。

　　A. 显示器　　　　　B. 控制器　　　　　C. 读卡器　　　　　D. 驱动器

23. 下列选项中，不属于光驱性能指标的是（　　　）。

　　A. 地址总线宽度　　　　　　　　　　　　B. 平均读取时间

　　C. 容错能力　　　　　　　　　　　　　　D. 高速缓存容量

24. 下列叙述中，不正确的是（　　　）。

　　A. 系统软件是计算机正常运行不可缺少的

　　B. 应用软件要在系统软件平台的支持下运行

　　C. 系统软件是为了解决各种计算机应用中的实际问题而编制的程序

　　D. 未安装应用软件的计算机不能做任何有意义的工作

25. 在下面对 USB 接口特点的描述中，（　　　）是 USB 接口的特点。

　　A. 支持即插即用

　　B. 不支持热插拔

　　C. 总线提供电源容量为 12V × 1000mA

　　D. 总线由六条信号线组成，其中两条用于传送数据，两条传送控制信号，另外两条传送电源

26. （　　　）不是图像输入设备。

　　A. 彩色摄像机　　　B. 游戏操作杆　　　C. 彩色扫描仪　　　　D. 数码照相机

27. 下列叙述错误的是（　　　）。

　　A. 计算机要经常使用，不要长期闲置不用

　　B. 为了延长计算机的寿命，应避免频繁开关计算机

　　C. 在计算机附近应避免磁场干扰

　　D. 计算机使用几小时后，应关机休息一会儿再用

28. 内存用于存放计算机运行时的指令、程序、需处理的数据和运行结果。但是，存储在（　　）中的内容是不能用指令修改的。

    A. DRAM　　　　　　B. SRAM　　　　　　C. RAM　　　　　　D. ROM

29. 具有（　　）mm 规格像素点距的显示器是较好的。

    A. 0.39　　　　　　B. 0.33　　　　　　C. 0.31　　　　　　D. 0.28

30. 某单位自行开发的工资管理系统，按计算机应用的类型划分，属于（　　）。

    A. 科学计算　　　　　　　　　　　　B. 辅助设计

    C. 数据处理　　　　　　　　　　　　D. 实时控制

31. 总线的（　　）包括总线的功能层次、资源类型、信息传递类型、信息传递方式和控制方式。

    A. 物理特性　　　　　　　　　　　　B. 功能特性

    C. 电气特性　　　　　　　　　　　　D. 时间特性

32. 高效缓冲存储器，简称 Cache。与内存相比，它的特点是（①）。在 CPU 与主存之间设置 Cache 的目的是为了（②）。

    ① A. 容量小、速度快、单位成本低　　　B. 容量大、速度慢、单位成本低

       C. 容量小、速度快、单位成本高　　　D. 容量大、速度快、单位成本高

    ② A. 扩大主存的存储容量　　　　　　B. 提高 CPU 对主存的访问效率

       C. 既扩大主存容量又提高存取速度　　D. 提高外存储器的速度

33. 下面的说法中，正确的是（　　）。

    A. 一个完整的计算机系统由硬件系统和输入、输出系统组成

    B. 计算机区别于其他计算工具最主要的特点是能存储和运行程序

    C. 计算机可以直接对磁盘中的数据进行加工处理

    D. 16 位字长的计算机能处理的最大数是 16 位十进制数

34. 下列关于随机读/写存储器（RAM）特点的描述，正确的是（　　）。

    A. 从存储器读取数据后，原有的数据就清零了

    B. RAM 可以作为计算机数据处理的长期储存区

    C. RAM 中的信息不会随计算机的断电而消失

    D. 只有向存储器写入新数据时，存储器中的内容才会被更新

35. 下列软件中，属于应用软件的是（　　）。

    A. DOS　　　　　　　　　　　　B. Linux

    C. Windows NT　　　　　　　　D. Internet Explorer

36. 下面的各种设备中，（①）既是输入设备，又是输出设备。（②）组设备依次为输出设备、存储设备、输入设备。（③）用于把摄影作品、绘画作品输入计算机中，进而对这些图像信息进行加工处理、管理、使用、存储和输出。不属于输入设备的是（④）。

    ① A. 扫描仪　　　B. 打印机　　　C. 键盘　　　　D. U 盘

    ② A. CRT、CPU、ROM　　　　　B. 绘图仪、键盘、光盘

       C. 绘图仪、光盘、鼠标　　　　　D. 磁带、打印机、激光打印机

    ③ A. 扫描仪　　　B. 投影仪　　　C. 彩色喷墨打印机　　　D. 绘图仪

    ④ A. 显示器　　　B. 扫描仪　　　C. 键盘　　　　D. 话筒

37. 下图所示的插头可以连接到计算机上的（　　　）接口。

    A. COM　　　　　　B. RJ-45　　　　　　C. USB　　　　　　D. PS/2

38. 计算机硬件能直接识别和执行的语言是（　　　）。

    A. 高级语言　　　　B. BASIC 语言　　　C. 汇编语言　　　　D. 机器语言

39. 在计算机硬件系统中，核心的部件是（　　　）。

    A. 输入设备　　　　B. 中央处理器　　　C. 存储设备　　　　D. 输出设备

40. 以下关于组装微型计算机的叙述，不正确的是（　　　）。

    A. 中央处理器应安装在计算机主板上的 Socket 插座上

    B. 显示卡应安装在计算机主板上的扩展槽中

    C. 独立的声卡应安装在 AGP 插槽中

    D. 硬盘数据线应连接在计算机主板的 IDE/SCIS 接口上

41. 下列存储设备中，存储速度最快的是（　　　）。

    A. 内存　　　　　　B. 硬盘　　　　　　C. 光盘　　　　　　D. 软盘

42. 下列选项中，既是输入设备又是输出设备的是（　　　）。

    A. 扫描仪　　　　　B. 显卡　　　　　　C. 投影仪　　　　　D. 软盘

43. 显示器分辨率具有（　　　）像素时，其清晰度较高，显示的效果较好。

    A. 600×800　　B. 1024×768　　C. 1280×1024　　D. 1600×1200

44. 计算机中数据输入输出的控制方式有多种，"中断"方式的优点不包括（　　　）。

    A. I/O 与 CPU 并行处理　　　　　　　　B. 并行处理多种 I/O

    C. 实时响应突发事件　　　　　　　　　D. 批量传送数据

45. 下列关于静态存储器（SRAM）和动态存储器（DRAM）的叙述中，不正确的是（　　　）。

    A. DRAM 比 SRAM 速度快、价格高

    B. DRAM 就是通常说的内存

    C. DRAM 比 SRAM 集成度高、功耗低

    D. SRAM 只要不断电，数据就能永久保存

二、简答题

1. 简述计算机的大致分类与组成结构。

2. 你认为计算机今后的发展方向与趋势是什么？

3. 简述当前世界计算机在各行各业中所起的作用。

4. 简述自己最常用的计算机应用并说明该功能的应用方向。

第2章
网络及多媒体应用

当今人类已步入信息化的社会，人们对信息的依赖越来越强，计算机网络是通信技术与计算机技术相结合的产物；而多媒体技术是指通过计算机对文字、数据、图形、图像、动画、声音等多种媒体信息进行综合处理和管理，使用户可以通过多种感官与计算机进行实时信息交互的技术。计算机网络技术和多媒体技术随着社会的发展已经涉及政治、经济、军事、日常生活等人类社会生活的各个领域。本章主要介绍计算机网络及多媒体技术的相关基础知识。

2.1 计算机网络应用

2.1.1 计算机网络基础知识

1. 计算机网络概述

计算机网络也称计算机通信网，就是指将地理位置不同的具有独立功能的多台计算机及其外部设备，通过通信线路连接起来，在网络操作系统，网络管理软件及网络通信协议的管理和协调下，实现资源共享和信息传递的计算机系统、小到两台计算机的简单相连，大到全世界计算机在一起的复杂连接都是计算机网络的应用范畴。如图 2-1 所示为一个计算机网络连接示例图。

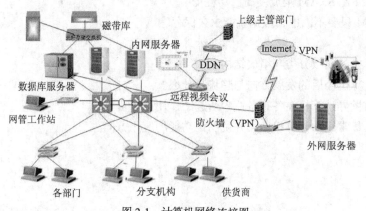

图 2-1   计算机网络连接图

2. 计算机网络的组成结构

计算机的网络组成结构可以从物理组成和功能组成两方面来划分。

（1）计算机网络的物理构成：由硬件与软件两部分组成。

硬件设备有主机（host，分为客户端与服务器）、通信处理机（一方面作为资源子网的主机、终端连接的接口，将主机和终端连入网内；另一方面它又作为通信子网中分组存储转发结点，完成分组的接收、校验、存储和转发等功能）、网络连接设备（路由器、交换机、集线器等）、通信线路（包括有线连接，如双绞线、同轴电缆、光纤等，以及无线连接，如无线电波、微波和红外线等）。

网络软件主要包括协议软件、通信软件和应用系统等。

（2）计算机网络的功能构成：由通信子网和资源子网两部分组成。

通信子网完成数据的传输功能，是为了联网而附加上去的通信设备及线路等；资源子网完成数据的处理、存储等功能，相当于计算机系统。

3. 计算机网络的主要功能及应用

计算机网络的主要功能主要表现在如下几个方面。

（1）数据通信

数据通信是计算机网络基本的功能，可实现不同地理位置的计算机与终端、计算机与计算机之间的数据传输。

（2）资源共享

资源共享是计算机网络最主要和最有吸引力的功能，包括网络中软件资源共享和硬件资源共享。

软件资源共享：在局域网上允许用户共享文件服务器上的程序和数据；在 Internet 上允许用户远程访问各种类型的数据库，可以得到网络文件传送服务、远程管理服务和远程文件访问等。

硬件资源共享：可以在全网范围内提供对处理机、存储器、输入输出设备等资源的共享，特别是对一些高级设备和昂贵设备的共享，从而可以为用户节省投资，也便于资源和任务的集中管理及分担负荷。例如网上共享打印机。

（3）分布式处理

通过算法将大型的综合性问题交给不同的计算机同时进行处理。用户可以根据需要合理选择网络资源，就近快速地进行处理。

（4）提高可靠性

网络中的每台计算机都可通过网络相互成为后备机。一旦某台计算机出现故障，它的任务就可由其他的计算机代为完成。这样可以避免在单机情况下，一台计算机发生故障引起整个系统瘫痪的现象，从而提高系统的可靠性。而当网络中的某台计算机负担过重时，网络又可以将新的任务交给较空闲的计算机完成，均衡负载，从而提高了每台计算机的可用性。

（5）均衡负荷

在计算机网络中可进行数据的集中处理或分布式处理，负载均衡就是由多台服务器以对称的方式组成一个服务器集合，每台服务器都具有等价的地位，都可以单独对外提供服务而无须其他服务器的辅助。通过某种负载分担技术，将外部发送来的请求均匀分配到对称结构中的某一台服务器上，而接收到请求的服务器独立地回应客户的请求。均衡负载能够平均分配客户请求到服务器列阵，以快速获取重要数据，解决大量并发访问服务问题。这种群集技术可以用最少的投资获得接近于大型主机的性能。

4. 计算机网络的分类

计算机网络的种类繁多且性能各异，我们可以根据不同的分类形式进行分类。常见的分类方法有按网络覆盖范围分类，按网络上各节点间关系分类，按网络的拓扑结构分类，按网络传输带宽分类等，其中最常见的是按照网络覆盖范围分类和拓扑结构分类这两种。

（1）按计算机网络覆盖范围划分，网络大致可分为三种：局域网、城域网、广域网。

① 局域网（Local Area Network，LAN）是指传输距离有限，传输速度较高，以共享网络资源为目的的网络系统。它的通信范围比较小（如一个企业或一所学校甚至一个房间等），投资规模较小，网络实现简单，是目前使用最多的计算机网络。因其规模小故易于推广新的技术，与广域网相比发展更为迅速。

② 城域网（Metropolitan Area Network，MAN）是介于局域网和广域网之间的一种范围较大的高速网络，是在一个或多个临近范围城市内所建立的计算机通信网，属宽带局域网。

③ 广域网（Wide Area Network，WAN）又称远程网，所覆盖的范围从几十千米到几千千米。它能连接多个城市或国家，或横跨几个洲提供远距离通信，形成国际性的远程网络。其传输速度较低，网络结构多是不规则的，以数据通信为主要目的，因规模大，故造价昂贵，新技术和新设备的更新都难度较大。其中因特网（Internet）就是世界范围内最大的广域网。

（2）按计算机网络拓扑结构划分大致分为总线型结构、星型结构、环型结构、树型结构（由总线型演变而来）及网状型结构。

① 总线型结构

总线型结构是一种基于多点连接的拓扑结构，是将网络中所有的设备通过相应的硬件接口直接连接在共同的传输介质上。总线型结构使用一条所有 PC 都可访问的公共通道，每台 PC 只要连一条线缆即可。在总线型拓扑结构中，所有网上微机都通过相应的硬件接口直接连在总线上，任何一个结点的信息都可以沿着总线向两个方向传输扩散，并且能被总线中任何一个结点所接收。由于其信息向四周传播，类似于广播电台，故总线型网络也被称为广播式网络。总线有一定的负载能力，因此，总线长度有一定限制，一条总线也只能连接一定数量的结点。总线型网络结构是目前使用最广泛的结构，也是最传统的一种主流网络结构，适合于信息管理系统、办公自动化系统领域的应用。

总线型结构的特点：结构简单灵活，非常便于扩充；可靠性高，网络响应速度快；设备量少、价格低、安装使用方便；共享资源能力强，非常便于广播式工作，即一个结点发送所有结点都可接收。总线型结构如图 2-2 所示。

② 星型结构

星型拓扑结构是一种以中央节点为中心，把若干外围节点连接起来的辐射式互联结构。各结点与中央结点通过点与点方式连接，中央结点执行集中式通信控制策略，因此中央结点相当复杂，负担也重。这种结构适用于局域网，特别是近年来连接的局域网大都采用这种连接方式。这种连接方式以双绞线或同轴电缆作连接线路。在中心放一台中心计算机，每个臂的端点放置一台 PC，所有的数据包及报文通过中心计算机来通信，除了中心机外每台 PC 仅有一条连接，这种结构需要大量的电缆。星型拓扑可以看成一层的树形结构，不需要多层 PC 的访问权争用。星型拓扑结构在网络布线中较为常见。

以星型拓扑结构组网，其中任何两个站点要进行通信都要经过中央结点控制。中央节点的主要功能是：为需要通信的设备建立物理连接；为两台设备通信过程中维持这一通路；在完成通信或不成功时，拆除通道。

星型结构的特点：维护管理容易；重新配置灵活；故障隔离和检测容易；网络延迟时间短；各节点与中央交换单元直接连通，各节点间的通信必须经过中央单元转换；网络共享能力差，线路利用率低，中央单元负荷重。星型结构如图 2-3 所示。

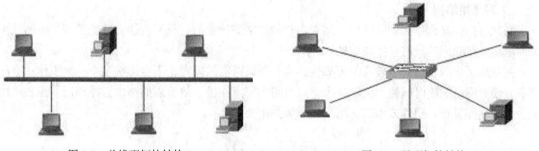

图 2-2 总线型拓扑结构　　　　　　　　　　图 2-3 星型拓扑结构

③ 环型结构

环型网中各结点通过环路接口连在一条首尾相连的闭合环形通信线路中，就是把每台 PC 连接起来，数据沿着环依次通过每台 PC 直接到达目的地，环路上任何结点均可以请求发送信息。请求一旦被批准，便可以向环路发送信息。环型网中的数据可以是单向也可是双向传输。信息在每台设备上的延时时间是固定的。由于环线公用，一个结点发出的信息必须穿越环中所有的环路接口，信息流中目的地址与环上某结点地址相符时，信息被该结点的环路接口所接收，而后信息继续流向下一环路接口，一直流回到发送该信息的环路接口结点为止。特别适合实时控制的局域网系统。在环行结构中每台 PC 都与另两台 PC 相连每台 PC 的接口适配器必须接收数据再传往另一台。因为两台 PC 之间都有电缆，所以能获得好的性能。

环型结构的特点：网中信息的流动方向是固定的，两个节点间仅有一条通路，路径控制简单；有旁路设备，节点一旦发生故障，系统自动旁路，可靠性高；信息要串行穿过多个节点，在网中节点过多时传输效率低，系统响应速度慢；由于环路封闭，扩充较难。环型结构如图 2-4 所示。

④ 树型结构

树型拓扑从总线型拓扑演变而来，形状像一棵倒置的树，顶端是树根，树根以下带分支，每个分支还可再带子分支。它是总线型结构的扩展，是在总线网上加上分支形成的，其传输介质可有多条分支，但不形成闭合回路。树型网是一种分层网，其结构可以对称，联系固定，具有一定容错能力，一般一个分支和结点的故障不影响另一分支结点的工作，任何一个结点送出的信息都可以传遍整个传输介质，也是广播式网络。一般树型网上的链路相对具有一定的专用性，无须对原网做任何改动就可以扩充工作站。它是一种层次结构，结点按层次连接，信息交换主要在上下结点之间进行，相邻结点或同层结点之间一般不进行数据交换。把整个电缆连接成树型，树枝分层每个分至点都有一台计算机，数据依次往下传。优点是布局灵活，但是故障检测较为复杂，PC 环不会影响全局。

树型结构的特点与总线型结构特点相同。树型结构如图 2-5 所示。

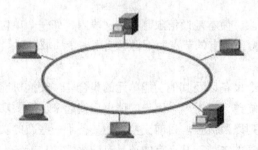

图 2-4 环型拓扑结构

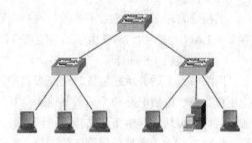

图 2-5 树型拓扑结构

⑤ 网状型结构

网状型拓扑又称作无规则结构，结点之间的联结是任意的，没有规律。就是将多个子网或多个局域网连接起来构成网际拓扑结构。

网状型结构的特点：有较高的可靠性，当一条线路有故障时，不会影响整个系统工作；资源共享方便，网络响应时间短；由于一个节点与多个节点连接，故节点的路由选择和流量控制难度大，管理软件复杂；硬件成本高。网状型结构如图 2-6 所示。

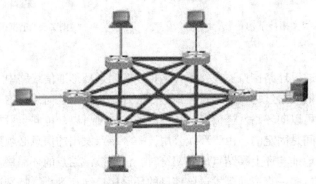

图 2-6　网状型拓扑结构

局域网一般常使用总线型、环型、星型或树型结构；广域网一般常使用树型结构或网状型结构。

2.1.2　常用的网络设备及传输介质

1．常见的网络设备

（1）中继器（Repeater）

中继器是工作在物理层上的连接设备。适用于完全相同的两类网络的互连，主要功能是通过对数据信号的重新发送或者转发，来扩大网络传输的距离。中继器的优点：安装简单，价格相对低廉；扩大了通信距离；增加了节点的最大数目；各个网段可使用不同的通信速率；提高了可靠性，当网络出现故障时，一般只影响个别网段；性能得到改善。

（2）集线器（Hub）

集线器是中继器的一种，指将多条以太网双绞线或光纤集合连接在同一段物理介质下的设备。它可以视作多端口的中继器，主要用于优化网络布线结构，简化网络管理。集线器的优点是当网络系统中某条线路或某节点出现故障时，不会影响网上其他节点的正常工作。因为它提供了多通道通信，大大提高了网络通信速度。

（3）网桥（Bridge）

网桥通常用于连接数量不多的、同一类型的网段，使本地通信限制在本网段内，如一个单位有多个 LAN，或一个 LAN 由于通信距离受限无法覆盖所有的节点而不得不使用多个局域网时。

（4）交换机（Switch）

网络节点上话务承载装置、交换级、控制和信令设备以及其他功能单元的集合体。交换机能把用户线路、电信电路和（或）其他需要互连的功能单元根据单个用户的请求连接起来。主要功能包括物理编址、网络拓扑结构、错误校验、帧序列以及流控。目前交换机还具备了一些新的功能，如对 VLAN（虚拟局域网）的支持，对链路汇聚的支持，甚至有的还具有防火墙的功能。

（5）路由器（Router）

路由器是一种连接多个网络或网段的网络设备。它能将不同网络或网段之间的数据信息进行"翻译"，以使它们能够相互"读"懂对方的数据，从而构成一个更大的网络。路由器有两大典型功能，即数据通道功能和控制功能。数据通道功能包括转发决定、背板转发以及输出链路调度等，一般由特定的硬件来完成；控制功能一般用软件来实现，包括与相邻路由器之间的信息交换、系统配置、系统管理等。路由器不仅具有网桥的全部功能，还可以根据传输费用、网络拥塞情况以及信息源与目的地的距离等不同因素自动选择最佳路径来传送数据包。

（6）网关（Gateway）

当需要将不同网络互相连接时，需要网关来完成不同协议之间的转换，所以网关又称为协议转换器。网关的作用一般是通过路由器或者防火墙来完成的。

（7）网卡（Network Adapter）

网卡又称网络适配器或网络接口卡，是计算机在网络上传输数据的接口，是计算机接入网络时必不可少的设备。它一方面将本地计算机的数据发送入网络，另一方面将网络上的数据接收到本地计算机，起到双重的作用。

2. 常用的传输介质

（1）双绞线

双绞线即我们俗称的网线，是局域网最基本的传输介质。

（2）同轴电缆

由一根空心的外圆柱导体和一根位于中心轴线的内导线组成，内导线和圆柱导体及外界之间用绝缘材料隔开。

（3）光纤

光纤是由一组光导纤维组成的、用来传播光束的、细小而柔韧的传输介质。与其他传输介质比较，光纤的电磁绝缘性能好、信号衰小、频带宽、传输速度快、传输距离大。主要用于要求传输距离较长、布线条件特殊的主干网连接。

（4）无线介质

无线介质包括微波、红外线、激光等。无线传输不需铺设网络传输线，而且网络终端移动方便，但传输速度和信号稳定性一般没有有线介质好。

2.1.3　常见的上网方式

（1）基于普通电话线的 xDSL 接入

xDSL 是数字用户线路（Digital Subscriber Line，DSL）的统称，可分为 IDSL（ISDN 数字用户环路）、HDSL（两对线双向对称传输的高速数字用户环路）、SDSL（一对线双向对称传输的数字用户环路）、VDSL（甚高速数字用户环路）和 ADSL（不对称数字用户环路），其中我们现在日常生活中使用最多的是 ADSL。

ADSL 是在一对双绞线上为用户提供上、下行非对称的传输速度（带宽），下行（下载）速度大于上行（上传）速度，且一般采用动态方式给用户分配 IP 地址。ADSL 上网不需占用电话线路，安装快捷方便，相对安全可靠，价格实惠，是目前电信、联通等服务商主要提供的家庭上网方式。

（2）同轴电缆接入

利用现有的有线电视网进行数据传输，是目前广电服务商主要提供的家庭上网方式。

（3）光纤接入

光纤接入系统可分为无源系统和有源系统，主要作为网络的主干线路铺设。例如利用 FTTx（光纤到小区或楼）再和 LAN（网线到户）结合，小区内的交换机和局域网端交换机用光纤连接，交换机到用户为双绞线连接，就是我们平时所说的小区宽带方案。

（4）无线接入

无线接入系统通常指固定无线接入，根据其技术可分为：无绳电话、集群电话、蜂窝移动通信、微波通信或卫星通信等。

2.1.4 互联网基础知识及应用

互联网（Internet）创建于美国，最早的目的是用于军事用途，经过若干年的发展，目前已经成为世界上规模最大、覆盖面最广且影响力最强的计算机网络。它将分布在世界各地的计算机用开放系统协议连接在一起，使人们可以进行数据传输、信息交换和资源共享。

从用户的角度来看，整个 Internet 是一个统一的网络，但在物理上则其实是由不同的网络互相连接在一起而形成的，接入 Internet 的计算机网络种类繁多，形式各异，因此需要通过借助路由器和其他各种通信线路将其连接起来。

1. 互联网中的一些基本概念

（1）WWW

万维网（World Wide Web，WWW，又名环球信息网）是一种交互式图形界面的 Internet 服务，具有强大的信息连接功能，是目前 Internet 中最受欢迎的、增长速度最快的一种多媒体信息服务系统。万维网是基于客户端/服务器模式的信息发送技术和超文本技术的综合，万维网并不等同互联网，万维网只是互联网所能提供的服务之一，是依靠互联网运行的一项服务。

（2）HTTP

超文本传输协议（HyperText Transfer Protocol，HTTP）是互联网上应用最为广泛的一种网络协议。所有的 WWW 文件都必须遵守这个标准。

（3）TCP/IP

传输控制协议/因特网互联协议（Transmission Control Protocol/Internet Protocol，TCP/IP 协议，又名网络通信协议）是 Internet 最基本的协议，也是 Internet 国际互联网络的基础，其由网络层的 IP 协议和传输层的 TCP 协议组成。TCP/IP 定义了电子设备如何连入因特网，以及数据如何在它们之间传输的标准。

（4）IP

互联网协议地址（Internet Protocol Address，IP 地址，又名网际协议地址）是为计算机网络相互连接进行通信而设计的协议。IP 地址被用来给 Internet 上的计算机一个编号，在 Internet 中，每台联网的 PC 上都需要有 IP 地址才能正常通信。任何厂家生产的计算机系统，只要遵守 IP 协议就可以与因特网互连互通。正是因为有了 IP 协议，因特网才得以迅速发展成为世界上最大的、最开放的计算机通信网络。因此，IP 协议也可以叫作"因特网协议"。

IP 地址由类别、标识网络的 ID 和标识主机的 ID 三部分组成，是一个 32 位的二进制数，通常被分割为 4 个 "8 位二进制数"（也就是 4 个字节），并以十进制数（0～255）表示，每相邻两组十进制数间以英文句号 "." 分隔。例如有如下一个 IP 地址，其二进制数为 01100100.00000100.00000101.00000110，我们将其记为 100.4.5.6，IP 地址的这种表示法称为"点分十进制表示法"。

　　根据网络规模的大小可将 IP 地址分为 5 类：A 类（Class A）、B 类（Class B）、C 类（Class C）、D 类（Class D）、E 类（Class E）。其中 A、B、C 三类地址是基本的 Internet 地址，D 类和 E 类为次类地址，D 类为多播地址，E 类地址尚未使用。

　　A 类地址：网络地址空间占 7 位，允许 126 个不同的 A 类网络，起始地址为 1 ~ 126，即主机地址范围为 1.0.0.0 ~ 126.255.255.255，适用于有大量主机的大型网络。（注：0 和 127 两个地址用于特殊目的。）

　　B 类地址：网络地址空间占 14 位，允许 16384 个不同的 B 类网络，起始地址为 128 ~ 191，适用于国际大公司和政府机构等。

　　C 类地址：网络地址空间占 21 位，允许 2097152 个不同的 C 类网络，起始地址为 192 ~ 223，适用于小型公司等。

　　（5）DNS

　　域名系统（Domain Name System，DNS）因特网上所有的计算机都是以 IP 地址的方式作为唯一标识的，我们要对其进行访问就要知道其对应的 IP 地址。而 IP 地址不方便识别与记忆，所以我们创建域名（由一串用点分隔的名字组成的 Internet 上某一台计算机或计算机组的名称）来方便记忆，如百度的域名为 www.baidu.com。而 DNS 作为域名和 IP 地址相互映射的一个数据库，能够使用户更方便地访问互联网，而不用去记住能够被机器直接读取的 IP 数串。通过专门的服务器，对域名进行查找最终得到该域名对应的 IP 地址的过程叫作域名解析（或主机名解析）。

　　域名由两个或两个以上的词构成，中间由"."隔开，最右边的那个词称为顶级域名，顶级域名分为组织模式和地理模式两种。常见的顶级域名及其对应的含义如表 2-1 所示。

表 2-1　　　　　　　　　　　　　　常见顶级域名及其含义

组织模式顶级域名	含　义	地理模式顶级域名	含　义
COM	商业组织	CN	中国
EDU	教育机构	FR	法国
GOV	政府部门	AU	澳大利亚
MIL	军事部门	CA	加拿大
NET	网络服务商	US	美国
ORG	非营利组织	UK	英国
INT	国际组织	JP	日本

　　（6）URL

　　URL（统一资源定位符）是对可以从互联网上得到的资源的位置和访问方法的一种简洁的表示，是互联网上标准资源的地址。互联网上的每个文件都有一个唯一的 URL，它包含的信息指出文件的位置，以及浏览器应该怎么处理它。

　　（7）E-Mail

　　E-Mail（电子邮件）是一种利用计算机网络的电子手段提供信息交换的通信方式，是互联网应用最广的服务。通过网络的电子邮件系统，用户可以以非常低廉的价格（不管发送到哪里，都只需负担网费）、非常快速的方式（几秒钟之内可以发送到世界上任何指定的目的地），与世界上任何一个角落的网络用户联系。电子邮件可以是文字、图像、声音等多种形式。同时，用户可以得到大量免费的新闻、专题邮件，并实现轻松的信息搜索。电子邮件的存在极大地方便了人与人之间的沟通与交流，促进了社会的发展。

（8）FTP

文件传输协议（File Transfer Protocol，FTP）用于 Internet 上的控制文件的双向传输。同时，它也是一个应用程序（Application）。基于不同的操作系统有不同的 FTP 应用程序，而所有这些应用程序都遵守同一种协议以传输文件。在 FTP 的使用当中，用户经常遇到两个概念："下载"（Download）和"上传"（Upload）。"下载"文件就是从远程主机复制文件至自己的计算机上；"上传"文件就是将文件从自己的计算机中复制至远程主机上。用 Internet 语言来说，用户可通过客户机程序向（从）远程主机上传（下载）文件。

（9）Telnet

Telnet 协议是 TCP/IP 协议族中的一员，是 Internet 远程登录服务的标准协议和主要方式。它为用户提供了在本地计算机上完成远程主机工作的能力。在终端使用者的计算机上使用 Telnet 程序，用它连接到服务器。终端使用者可以在 Telnet 程序中输入命令，这些命令会在服务器上运行，就像直接在服务器的控制台上输入一样。可以在本地就能控制服务器。要开始一个 Telnet 会话，必须输入用户名和密码来登录服务器。Telnet 是常用的远程控制 Web 服务器的方法。

2. 互联网的主要应用

（1）网络媒体

互联网作为一种新兴的传播媒体，由于互动性好、表现形式多种多样、感染力突出，成为继报纸、广播、电视等后的"第四媒体"，各大新闻网站、门户网站、企事业单位，都相继开通了这一宣传通道。

（2）网络通信

网络通信分为电子邮件和即时通信两大类。很多网民都在使用网上免费的电子邮件，通过它与其他人交流。即时通信也在飞速发展，其功能也在日益丰富，一方面正在成为社会化网络的连接点，另一方面也逐渐成为电子邮件、博客、网络游戏和搜索等多种网络应用的重要接口。

（3）互联网信息检索

网络搜索技术帮助我们收集着各种各样的信息。我们只需要输入关键词，就可以通过它查询到所需要的相关信息。目前最典型的应用就是百度和谷歌等搜索引擎。

（4）网络社区

网络社区的主要服务内容有交友网站和博客。通过交友网站，我们结交五湖四海的朋友；通过博客，我们可以把自己在生活、学习、工作中的点点滴滴感受记录下来，放在网上，同网民共享。

（5）网络娱乐

网络娱乐主要包括网络游戏、网络音乐、网络视频等。

（6）电子商务

电子商务是与网民生活密切相关的重要网络应用，通过网络支付、在线交易，卖家可以用很低的成本把商品卖到全世界，买家则可以用很低的价格买到自己心仪的商品。现在最典型的应用就是淘宝和京东等电商平台。

（7）网络金融

网络金融主要包括网上银行和网络炒股。通过网络开通网上银行的客户可以在网上进行转账、支付、外汇买卖等，股民可以在网上进行股票、基金的买卖和资金的划转等。

（8）网上教育

围绕教学活动开设的网络学校、远程教育、考试辅导等各类网络教育正渗透到传统的教学活动中。通过支付就可以获得一个登陆账号和密码，然后就可以随时登录网站学习，或参加考试辅导。

2.1.5　电子邮件的收发及其使用

电子邮件地址的格式由三部分组成。第一部分"USER"代表用户信箱的账号，对于同一个邮件接收服务器来说，这个账号必须是唯一的；第二部分"@"是分隔符；第三部分是用户信箱的邮件接收服务器域名，用以标志其所在的位置。

电子邮件的基本原理是在通信网上设立"电子信箱系统"，它实际上是一个计算机系统。系统的硬件是一个高性能、大容量的计算机。硬盘作为信箱的存储介质，在硬盘上为用户分一定的存储空间作为用户的"信箱"，每位用户都有属于自己的一个电子信箱。并确定一个用户名和用户可以自己随意修改的口令。存储空间包含存放所收信件、编辑信件以及信件存档三部分空间，用户使用口令开启自己的信箱，并进行发信、读信、编辑、转发、存档等各种操作。系统功能主要由软件实现。

（1）电子邮件的发送

简单邮件传输协议（Simple Mail Transfer Protocol，SMTP）是维护传输秩序、规定邮件服务器之间进行哪些工作的协议，它的目标是可靠、高效地传送电子邮件。SMTP 独立于传送子系统，并且能够接力传送邮件。

（2）电子邮件的接收

邮局协议（Post Office Protocol，POP）目前的版本为 POP3，POP3 是把邮件从电子邮箱中传输到本地计算机的协议。

（3）常见电子邮件软件

常见的电子邮件收发处理软件有：Windows Live Mail Desktop、Foxmail、微邮、IncrediMail、Mozilla Thunderbird、Outlook Express、MailWasher、电子邮件聚合器等。

2.1.6　网络的发展应用

当今的社会是一个信息化的社会，随着网络的全球普及，由网络构成的全球信息化高速公路将连接我们每一个人，给我们的工作、学习与生活带来翻天覆地的变化。

三网合一：三网合一又叫三网融合，是指电话网、广播电视网、互联网在向宽带通信网、数字电视网、下一代互联网演进过程中，三大网络通过技术改造，其技术功能趋于一致，业务范围趋于相同，网络互联互通、资源共享，能为用户提供语音、数据和广播电视等多种服务。三网合一并不意味着三大网络的物理合一，而主要是指高层业务应用的融合。三网融合应用广泛，遍及智能交通、环境保护、政府工作、公共安全、平安家居等多个领域。电信、广播电视和互联网三网融合试点方案已经启动，开始步入我们的生活当中。

物联网：物联网就是物物相连的互联网络。物联网的核心和基础仍然是互联网，是在互联网基础上的延伸和扩展的网络；其用户端从计算机计算机等设备延伸和扩展到了任何物品与物品之间，通过射频识别（RFID）、红外感应器、全球定位系统、激光扫描器、气体感应器等信息传感设备进行信息交换和通信，以实现智能化识别、定位、跟踪、监控和管理。物联网是智能感知、识别技术与计算机通信技术等多种技术融合的产物，是互联网的应用拓展，被称为继计算机、互联网之后世界信息产业发展的第三次浪潮。

2.2　计算机多媒体应用

2.2.1　多媒体的概念

多媒体（Multimedia）是多种媒体的综合，一般包括文本、声音和图像等多种媒体形式。在计算机系统中，多媒体指组合两种或两种以上媒体的一种人机交互式信息交流和传播媒体。使用的媒体包括文字、图片、照片、声音、动画和影片，以及程序所提供的互动功能。

2.2.2　多媒体的特征及分类

1. 多媒体技术的主要特征

（1）集成性：能够对信息进行多通道统一获取、存储、组织与合成。

（2）控制性：多媒体技术是以计算机为中心，综合处理和控制多媒体信息，并按人的要求以多种媒体形式表现出来，同时作用于人的多种感官。

（3）交互性：交互性是多媒体应用有别于传统信息交流媒体的主要特点之一。传统信息交流媒体只能单向地、被动地传播信息，而多媒体技术则可以实现人对信息的主动选择和控制。

（4）非线性：多媒体技术的非线性特点将改变人们传统循序性的读写模式。以往人们读写方式大都采用章、节、页的框架，循序渐进地获取知识，而多媒体技术将借助超文本链接（Hyper Text Link）的方法，把内容以一种更灵活、更具变化的方式呈现给读者。

（5）实时性：当用户给出操作命令时，相应的多媒体信息都能够得到实时控制。

（6）互动性：它可以形成人与机器、人与人及机器间的互动，互相交流的操作环境及身临其境的场景，人们根据需要进行控制。人机相互交流是多媒体最大的特点。

（7）方便性：用户可以按照自己的需要、兴趣、任务要求、偏爱和认知特点来使用信息，任取图、文、声等信息表现形式。

（8）动态性："多媒体是一部永远读不完的书"，用户可以按照自己的目的和认知特征重新组织信息，增加、删除或修改节点，重新建立链接。

2. 多媒体的分类

国际电话电报咨询委员会（CCITT）把媒体分成如下5类。

（1）感觉媒体（Perception Medium）：指直接作用于人的感觉器官，使人产生直接感觉的媒体。如引起听觉反应的声音，引起视觉反应的图像等。

（2）表示媒体（representation Medium）：指传输感觉媒体的中介媒体，即用于数据交换的编码。如图像编码（JPEG、MPEG等）、文本编码（ASCII码、GB2312等）和声音编码等。

（3）表现媒体（Presentation Medium）：指进行信息输入和输出的媒体。如键盘、鼠标、扫描仪、话筒、摄像机等为输入媒体；显示器、打印机、喇叭等为输出媒体。

（4）存储媒体（Storage Medium）：指用于存储表示媒体的物理介质。如硬盘、软盘、磁盘、光盘、ROM及RAM等。

（5）传输媒体（Transmission Medium）：指传输表示媒体的物理介质。如电缆、光缆等。

2.2.3　多媒体计算机

多媒体计算机（Multimedia Computer）能够对声音、图像、视频等多媒体信息进行综合处理的计算机。多媒体计算机一般指多媒体个人计算机（Multimedia Personal Computer，MPC）。

在多媒体计算机之前，传统的微机或个人机处理的信息往往仅限于文字和数字，由于人机之间的交互只能通过键盘和显示器，故交流信息的途径缺乏多样性。为了改换人机交互的接口，使计算机能够集声、文、图、像处理于一体，人类发明了有多媒体处理能力的计算机。通常，多媒体计算机包括多媒体计算机硬件系统和多媒体计算机软件系统两大部分。

（1）多媒体计算机硬件系统：主要包括计算机常用硬件、声音或视频处理器、多媒体输入/输出设备、信号转换装置、通信转换装置和接口装置等。

（2）多媒体计算机软件系统：对于多媒体计算机的每种硬件设备来说，都要有相应的软件程序支持，这些程序统称为多媒体计算机的软件系统，包括多媒体操作系统、多媒体数据库、多媒体压缩/解压缩系统、声像同步处理程序、通信程序及多媒体开发制作工具等。

2.2.4　多媒体信息的数字化

多媒体信息数字化是指将许多复杂多变的信息转变为可以度量的数字、数据，再以这些数字与数据建立数字化模型，把它们转变为一系列二进制代码导入计算机内部进行统一处理，这就是数字化的基本过程。即将图形图像或声音信号转化为一串分离的信息，在计算机中以 0 和 1 表示。

1. 声音

（1）声音信号的数字化

声音信号是一种模拟信号，计算机要对它进行处理，必须将其转化为数字声音信号，也就是用二进制数字的编码形式来表示。最基本的声音信号数字化的方法是取样→量化→编码→存储四个步骤。

（2）声音文件的格式

Wave 文件（.WAV）：微软公司的 Windows 音频文件格式，利用该格式记录的声音文件能够和原声基本一致，质量十分高，但文件数据量较大。

MP3 文件（.MP3）：一种音频压缩技术，其全称是动态影像专家压缩标准音频层面 3（Moving Picture Experts Group Audio Layer III）。它被设计用来大幅度地降低音频数据量。利用这项技术，音乐以 1:10 甚至 1:12 的压缩率压缩成容量较小的文件，而对于大多数用户来说压缩音频的音质与最初的不压缩音频相比没有明显地下降。

WMA 文件（.WMA）：微软公司推出的与 MP3 格式齐名的一种音频格式。WMA 在压缩比和音质方面都超过了 MP3，即使在较低的采样频率下也能产生较好的音质。

2. 图形与图像

（1）图形：图形是一种矢量图，矢量图使用直线和曲线来描述图形，这些图形的元素是一些点、线、矩形、多边形、圆和弧线等，它们都是通过数学公式计算获得的。

矢量图的优缺点如下。

① 文件小，图像中保存的是线条和图块的信息，所以矢量图形文件与分辨率和图像大小无关，只与图像的复杂程度有关，图像文件所占的存储空间较小。

② 图像可以无级缩放，对图形进行缩放、旋转或变形操作时，图形不会产生锯齿效果。

③ 可采取高分辨率印刷，矢量图形文件可以在任何打印机上以打印或印刷的最高分辨率进行打印输出。

④ 最大的缺点是难以表现色彩层次丰富的逼真图像效果。

（2）图像：图像是一种位图，是用像素点来描述一幅图像，它的基本元素是像素，即像素阵列。位图文件一般没有经过压缩，存储量大，适合表现含有大量细节的画面。与矢量图相比，位图放大到一定比例后会失真。

（3）分辨率：指图像在水平和垂直方向上的像素个数。如 800×600 的图像分辨率即为该图片水平方向上有 800 个像素点，垂直方向上有 600 个像素点。

（4）色彩模式：图像所使用的色彩描述方法。计算机中最常见的有 RGB（红、绿、蓝）与 CMYK（青、橙、黄、黑）两种色彩模式。K：Key Plate（black）=定位套版色（黑色）。

（5）颜色灰度：位图中每个像素点的颜色信息用若干数据位来表示，这些数据位的个数成为图像的颜色深度（灰度级）。

图像数据容量（Byte）=（图像水平像素点数 × 图像垂直像素点数 × 颜色深度）/8

2.2.5 多媒体数据的压缩

多媒体数据（特别是音频与视频文件）的数据量一般都比较大，需要很多的存储空间，且网络传输时需要耗费更多的流量，所以一般采用压缩编码技术来减少音频与视频等文件数据量，减少所需存储空间，提高传输速度。

1. 常见压缩技术

（1）无损压缩法（冗余压缩法）

无损压缩是一种不丢失任何信息的压缩方法，利用数据的统计冗余进行压缩，保证在数据压缩和还原过程中信息没有损耗或失真。目前无损压缩技术可以将数据压缩到源文件的 1/2 至 1/4，压缩比较低。常见的无损压缩算法有哈夫曼（Huffman）算法和 LZW 算法。

（2）有损压缩法

有损压缩解压后不能恢复为原来的信息，适用于重构信号不一定非要与原始信号完全相同的场合。这种方法会减少信息量，而损失的信息是不能再恢复的，因此这种压缩是不可逆的。有损压缩可以大大提高压缩比，可达到 1/10 甚至 1/100。

2. 图像压缩标准

计算机中使用的图像压缩编码方法有多种国际标准和工业标准，目前使用最广泛的编码及压缩标准有 JPEG、MPEG 和 H.265 等。

（1）JPEG：静态和数字图像压缩编码标准，既可用于灰度图像，又可用于彩色图像。JPEG 标准是由国际标准化组织（International Organization for Standardization，ISO）和国际电工委员会（International Electrotechnical Commission，IEC）两个组织机构联合组成的一个专家组制定的，目前已成为国际通用标准。

（2）MPEG：动态图像压缩标准，由 ISO 和 IEC 两个组织机构联合组成的一个活动图像专家组制定的标准草案。MEPG 标准分为 MPEG 视频、MPEG 音频和 MPEG 视频音频同步三个部分。

（3）H.265：目前最新的视频编码标准。2012 年 8 月，爱立信公司推出了首款 H.265 编解码器，而在仅仅 6 个月之后，国际电信联盟（International Telecommunication Union，ITU）就正式批准通过了 HEVC/H.265 标准，标准全称为高效视频编码（High Efficiency Video Coding），相较于之前的 H.264 标准有了相当大的改善。我国的华为公司拥有 H.265 标准最多的核心专利，是该标准的主导者。

2.2.6　多媒体工具简介

1. 常用多媒体处理工具

文字处理：Office 系列以及国产的 WPS，还有 Windows 自带的字处理系统等。

图像处理：Photoshop、CorelDRAW、FreeHand、美图秀秀等。

动画处理：AutoDesk、Animator Pro、3DS MAX、Maya、Flash 等。

视频处理：Ulead Media Studio、Adobe Premiere、After Effects 等。

2. 常用多媒体转换工具

常用多媒体转换工具包括格式工厂、暴风转码等。

格式工厂是一款性能卓越的多媒体格式转换器。它支持几乎所有流行的多媒体格式相互转换，其主要功能如下。

（1）所有类型视频转到 MP4、3GP、AVI、MKV、WMV、MPG、VOB、FLV、SWF、MOV，支持 RMVB（rmvb 需要安装 Realplayer 或相关的译码器）、xv（迅雷独有的文件格式）转换成其他格式。

（2）所有类型音频转到 MP3、WMA、FLAC、AAC、MMF、AMR、M4A、M4R、OGG、MP2、WAV 等格式。

（3）所有类型图片转到 JPG、PNG、ICO、BMP、GIF、TIF、PCX、TGA 等格式。

（4）转换 DVD 到视频文件，转换音乐 CD 到音频文件。DVD/CD 转到 ISO/CSO，ISO 与 CSO 互转源文件支持 RMVB。

（5）可设置文件输出配置（包括视频的屏幕大小，每秒帧数、比特率、视频编码；音频的采样率、比特率；字幕的字体与大小等）。

（6）高级项中还有"视频合并"与查看"多媒体文件信息"。

（7）转换过程中可修复某些损坏的视频。

（8）媒体文件压缩。

（9）可提供视频的裁剪。

（10）转换图像档案支持缩放、旋转、数码水印等功能。

2.3　习　　题

一、选择题

1. 在 Outlook 中可以借助（　　）的方式传送一个文件。
   A. FTP　　　　　　　B. 导出　　　　　　　C. 导入　　　　　　　D. 附件
2. 使用浏览器上网时，（　　）不可能影响系统和个人信息安全。
   A. 浏览包含有病毒的网站　　　　　　B. 改变浏览器显示网页文字的字体大小
   C. 在网站上输入银行账号、口令等敏感信息　D. 下载和安装互联网上的软件或者程序
3. 下列设备中，不属于多媒体输入设备的是（　　）。
   A. 话筒　　　　　　　B. 摄像头　　　　　　C. 扫描仪　　　　　　D. 多声道音箱
4. Internet 中域名与 IP 地址之间的翻译由（　　）完成。
   A. DNS 服务器　　　　　　　　　　　B. 代理服务器

C. FTP 服务器   D. DHCP 服务器

5. WWW 服务使用的协议为（   ）。

    A. HTML   B. HTTP   C. SMTP   D. FTP

6. 用计算机既能听音乐，又能看影视节目，这是计算机在（   ）方面的应用。

    A. 多媒体技术   B. 自动控制技术

    C. 文字处理技术   D. 计算机作曲技术

7. Internet 采用的网络协议是（   ）。

    A. TCP/IP   B. ISO/OSI   C. X.25   D. IEEE802.3

8. 下列关于无线路由器的叙述，不正确的是（   ）。

    A. 可支持局域网用户的网络连接共享

    B. 可实现家庭无线网络中的 Internet 连接共享

    C. 可实现 ADSL 和小区宽带的无线共享接入

    D. 为保证传输速率，不可以进行加密

9. 下列选项中，不能收发电子邮件的软件是（   ）。

    A. Internet Mail   B. Microsoft FrontPage

    C. Foxmail   D. Outlook Express

10. 把数据从本地计算机传送到远程主机称为（   ）。

    A. 下载   B. 超载   C. 卸载   D. 上传

11. （   ）能实现不同的网络层协议转换。

    A. 集线器   B. 路由器   C. 交换机   D. 网桥

12. 在获取与处理音频信号的过程中，正确的处理顺序是（   ）。

    A. 采样、量化、编码、存储、解码、D/A 变换

    B. 量化、采样、编码、存储、解码、A/D 变换

    C. 编码、采样、量化、存储、解码、A/D 变换

    D. 采样、编码、存储、解码、量化、D/A 变换

13. 某工作站无法访问域名为 www.test.com 的服务器，此时使用 ping 命令按照该服务器的 IP 地址进行测试，响应正常。但是按照服务器域名进行测试，出现超时错误。此时可能出现的问题是（   ）。

    A. 线路故障   B. 路由故障

    C. 域名解析故障   D. 服务器网卡故障

14. 下图所示的网卡中①处是一个（   ）接口。

    A. COM   B. RJ-45   C. BNC   D. PS/2

15. （   ）服务器一般都支持 SMTP 和 POP3 协议，分别用来进行电子邮件的发送和接受。

    A. Gopher   B. Telnet   C. FTP   D. E-mail

16. 动态图像压缩的标准是（　　　）。

    A. JPEG   B. MHEG   C. MPEG   D. MPC

17. URL：ftp://my:abc@214.13.2.45 中，ftp 是（　　　）。

    A. 超文本链接   B. 超文本标记语言

    C. 文件传输协议   D. 超文本传输协议

18. 下列关于有损压缩的说法中正确的是（　　　）。

    A. 压缩过程可逆，相对无损压缩其压缩比较高

    B. 压缩过程可逆，相对无损压缩其压缩比较低

    C. 压缩过程不可逆，相对无损压缩其压缩比较高

    D. 压缩过程不可逆，相对无损压缩其压缩比较低

19. 计算机网络的主要功能是（　　　）。

    A. 并行处理和分布计算   B. 过程控制和实时控制

    C. 数据通信和资源共享   D. 联网游戏和聊天

20. 根据（　　　），可将计算机网络划分为局域网、城域网和广域网。

    A. 数据传输所使用的介质   B. 网络的作用范围

    C. 网络的控制方式   D. 网络的拓扑结构

二、简答题

1. 简述最少 2 种不同的网络传输方式及各自的优缺点。

2. 简述目前网络在自己生活中的常见应用。

3. 多媒体和传统单一媒体相比，优势是什么？

4. 简述两种网络和多媒体两种技术相结合的应用。

第3章
Windows 操作系统

操作系统在计算机系统中占据着非常重要的地位，作为人机交互的接口，操作系统是核心的系统软件。目前全球个人计算机操作系统主要以微软（Microsoft）公司的视窗（Windows）操作系统为主。本章以 Windows 7 操作系统为例，介绍其基本知识和基本操作。通过本章的学习，读者可了解及掌握 Windows 7 的功能和应用；熟悉 Windows 7 的窗口结构及操作；熟练使用文件系统和控制面板中常用对象的功能等。

3.1 操作系统基础知识

操作系统任何一台计算机都必须要有的软件。如微软公司开发的 Windows 操作系统、苹果公司开发的 iOS 操作系统和谷歌公司开发的 Android 操作系统等，都是常见的操作系统。这些操作系统不仅用在计算机上，而且还用在手机上，现在流行的手机应用程序（Application，APP）大多是在 iOS 和 Android 操作系统上运行的。由于操作系统是计算机系统工作时不可缺少的软件，所以，通常把操作系统称之为计算机系统软件。我国的计算机用户普遍使用 Windows 操作系统。因为 Windows 系统的人机交互界面在计算机的显示器屏上是一个个可视化的窗口，所以，微软公司给该计算机操作系统命名为 Windows。Windows 操作系统所管理的计算机硬件资源主要有处理器、存储器、输入输出设备等。它所管理的软件资源都是以文件形式存在磁盘上。不论哪一种操作系统，它的主要功能都是管理和控制计算机系统中的所有硬件和软件资源，能够合理地组织计算机工作流程，并为用户提供一个良好的工作环境和友好的接口。从资源管理和用户接口的观点看，操作系统具有处理机管理、存储管理、设备管理、文件管理和提供用户接口等。

3.1.1 操作系统的概念

操作系统（Operating System，OS）是管理和控制计算机硬件与软件资源的计算机程序，是直接运行在"裸机"上的最基本的系统软件，任何其他软件都必须在操作系统的支持下才能运行，因此操作系统是计算机系统中最核心且必不可少的系统软件。

操作系统是用户和计算机的接口，管理计算机的硬件及软件资源。操作系统的功能包括管理计算机系统的硬件、软件及数据资源，控制程序运行，改善人机界面，为其他应用软件提供支持，让计算机系统所有资源最大限度地发挥作用，提供各种形式的用户界面，使用户有一个好的工作环境，为其他软件的开发提供必要的服务和相应的接口等。

3.1.2　操作系统的作用

操作系统的主要作用有两个。

（1）屏蔽硬件物理特性和操作细节，为用户使用计算机提供了便利，简单地说就是改善人机操作界面，为用户提供更加友好的使用环境。

（2）有效管理系统资源，提高系统资源使用效率。有效管理、合理分配系统资源，提高系统资源的使用效率是操作系统必须发挥的主要作用。

3.1.3　操作系统的功能

操作系统的主要功能是资源管理、程序控制和人机交互等。计算机系统的资源可分为设备资源和信息资源两大类。设备资源指的是组成计算机的硬件设备，如中央处理器、主存储器、磁盘存储器、打印机、磁带存储器、显示器、输入设备等。信息资源指的是存放于计算机内的各种数据，如文件、程序库、知识库、系统软件和应用软件等。

操作系统位于底层硬件与用户之间，是两者沟通的桥梁。用户可以通过操作系统的用户界面，输入命令。操作系统则对命令进行解释，驱动硬件设备，实现用户要求。以现代观点而言，一个标准个人计算机的操作系统应该提供以下的功能：进程管理（Processing management）、内存管理（Memory management）、文件系统（File system）、网络通讯（Networking）、安全机制（Security）、用户界面（User interface）、驱动程序（Device drive）。

3.1.4　操作系统的类型

操作系统根据不同分法可分为不同的类型，本节主要介绍其中最主要的 6 类：批处理操作系统、分时操作系统、实时操作系统、网络操作系统、分布式操作系统和嵌入式操作系统。

1. 批处理操作系统

批处理操作系统由单道批处理系统（又称为简单批处理系统）和多道批处理系统组成。单道批处理系统用户一次可以提交多个作业，但系统一次只处理一个作业，处理完一个作业后，再调入下一个作业进行处理。这些调度、切换系统自动完成，不需人工干预。单道批处理系统一次只能处理一个作业，系统资源的利用率不高。多道批处理系统，把同一个批次的作业调入内存，存放在内存的不同部分，当一个作业由于等待输入输出操作而让处理机出现空闲，系统自动进行切换，处理另一个作业。因此它提高了资源利用率。

批处理操作系统的特点：不需人工干预，进行批量处理。

2. 分时操作系统

分时操作系统的特点是可有效增加资源的使用率。

把计算机与许多终端连接起来，每个终端有一个用户在使用。分时操作系统将 CPU 的时间划分成若干个片段，称为时间片。用户交互式地向系统提出命令请求，分时操作系统接受每个用户的命令，采用时间片轮转方式处理服务请求，并通过交互方式在终端上向用户显示结果。每个用户轮流使用一个时间片而使每个用户并不感到有别的用户存在。

分时操作系统的特点：交互性、多路性、独立性、及时性。

3. 实时操作系统

是指使计算机能及时响应外部事件的请求在规定的严格时间内完成对该事件的处理，并控制所有实时设备和实时任务协调一致地工作的操作系统。实时操作系统要追求的目标是：对外部请求在严格时间范围内做出反应，有高可靠性和完整性。

其主要特点是资源的分配和调度首先要考虑实时性然后才是效率。此外，实时操作系统应有较强的容错能力。

4．网络操作系统

通常运行在服务器上的操作系统，是基于计算机网络的，是在各种计算机操作系统上按网络体系结构协议标准开发的软件，包括网络管理、通信、安全、资源共享和各种网络应用。其目标是相互通信及资源共享。在其支持下，网络中的各台计算机能互相通信和共享资源。

其主要特点是与网络的硬件相结合来完成网络的通信任务。

5．分布式操作系统

为分布计算系统配置的操作系统。大量的计算机通过网络被连结在一起，可以获得极高的运算能力及广泛的数据共享。这种系统被称作分布式系统。分布式操作系统是网络操作系统的更高形式，它保持了网络操作系统的全部功能，而且还具有透明性、可靠性和高性能等。网络操作系统和分布式操作系统虽然都用于管理分布在不同地理位置的计算机，但最大的差别是：网络操作系统知道确切的网址，而分布式系统则不知道计算机的确切地址；分布式操作系统负责整个的资源分配，能很好地隐藏系统内部的实现细节，如对象的物理位置等。这些都是对用户透明的。

6．嵌入式操作系统

嵌入式系统的操作系统。嵌入式系统使用非常广泛的操作系统。嵌入式设备一般专用的嵌入式操作系统（经常是实时操作系统，如 VxWorks、eCos）或者指定程序员移植到这些新系统，以及某些功能缩减版本的 Linux（如 Android,Tizen,MeeGo,webOS）或者其他操作系统。某些情况下，嵌入式操作系统指称的是一个自带了固定应用软件的巨大泛用程序。在许多最简单的嵌入式系统中，所谓的操作系统就是指其上唯一的应用程序。

3.1.5 常见操作系统简介

目前常见的操作系统有 DOS 操作系统、Windows 操作系统、Unix 操作系统、Linux 操作系统、iOS 操作系统和 Android 操作系统。

（1）DOS（Disk Operating System）是磁盘操作系统的缩写，是个人计算机上的一类操作系统。DOS 是 1979 年由美国微软公司为 IBM 个人电脑开发的操作系统，是一个单用户单任务的操作系统。它在 1985~1995 年占据操作系统的统治地位，直到微软推出 Windows 操作系统后才被后者所取代。

DOS 操作系统操作界面为黑色底白色字的文字界面，如图 3-1 所示。

（2）Windows 是微软公司研发的操作系统，问世于 1985 年，是个人计算机上第一个可视化图形界面的操作系统。Windows 采用了图形化模式 GUI，比起从前的 DOS 需要键入指令使用的方式更为人性化。因其简单易用，界面友好，Windows 操作系统迅速占领了个人计算机的操作系统市场，目前也是全球个人计算机中占有率最高的操作系统。

Windows 操作系统操作界面如图 3-2 所示。

（3）Unix 操作系统是 1969 年 AT&T 的贝尔实验室开发的一个强大的多用户、多任务操作系统，支持多种处理器架构系统。

UNIX 操作系统操作界面如图 3-3 所示。

```
$Revision: 1.160 $ $Date: 2006/01/25 17:51:49 $
Options: apmbios pcibios eltorito

ata0 master: QEMU HARDDISK ATA-7 Hard-Disk (10 MBytes)
ata0 slave: Unknown device
ata1 master: QEMU CD-ROM ATAPI-4 CD-Rom/DVD-Rom
ata1 slave: Unknown device

Booting from Floppy...

NEC IO.SYS for MS-DOS (R)  Version 3.30
Copyright (C) 1988 NEC Corporation
Copyright (C) 1981-1987 Microsoft Corporation

Current date is Tue  8-22-2006
Enter new date (mm-dd-yy):
Current time is  3:39:29.81
Enter new time:


Microsoft(R) MS-DOS(R)  Version 3.30
            (C)Copyright Microsoft Corp 1981-1987


A>dir

 Volume in drive A is MSD330BD
 Directory of  A:\

COMMAND   COM   25308   2-02-88  12:00a
FDISK     COM   55029   8-08-88   8:39p
FORMAT    COM   11968   7-13-88   2:04p
SYS       COM    4921   7-13-88   4:25p
        4 File(s)  1303040 bytes free

A>_
```

图 3-1　DOS 操作系统界面

图 3-2　Windows 操作系统界面

图 3-3　UNIX 操作系统界面

（4）Linux 操作系统诞生于 1991 年，是类 Unix 操作系统。Linux 存在着许多不同的 Linux 版本，但它们都使用了 Linux 内核。Linux 可安装在各种计算机硬件设备中，比如手机、平板计算机、路由器、视频游戏控制台、台式计算机、大型机和超级计算机。其主要特性为完全免费、完全兼容 POSIX1.0 标准、多任务多用户、界面良好、支持多种硬件平台。

Linux 操作系统操作界面如图 3-4 所示。

图 3-4 Linux 操作系统界面

（5）iOS 是由苹果公司开发的移动操作系统，于 2007 年 1 月 9 日的 Macworld 大会上公布。最初是设计给 iPhone 使用的，后来陆续套用到 iPod touch、iPad 以及 Apple TV 等产品上。iOS 属于类 Unix 的商业操作系统。

iOS 操作系统操作界面如图 3-5 所示。

（6）Android 是由 Google 公司开发的一种基于 Linux 的自由及开放源代码的操作系统，主要使用于移动设备，如智能手机和平板计算机等。

Android 操作系统操作界面如图 3-6 所示。

图 3-5   iOS 操作系统界面

图 3-6   Android 操作系统界面

3.2　Windows 7 操作系统

3.2.1　Windows 7 的运行环境和安装

微软公司于 1983 年开始研制 Windows 操作系统。到目前为止，Windows 操作系统已经在个人计算机操作系统中占有主导地位，而 Windows 7 作为 Windows Vista 的继任者，不论是在功能方面还是在操作便利方面都有了很大的改善。

Windows 7 系统对硬件要求较"低"，如果硬件配置符合以下要求，都可以安装 Windows 7 操作系统。

中央处理器：1GHz 32 位或 64 位处理器。

内存：1GB 及以上。

硬盘空间：16GB 以上的硬盘剩余空间用于安装系统。

显卡：128MB 以上的显存。

声卡：PCI 声卡。

显示器：要求分辨率在 1024×768 像素以上或者可支持触摸技术的显示设备。

磁盘分区格式：NTFS。

Windows 7 提供了两种安装方法：一种是在裸机系统中直接全新安装 Windows 7；另一种是通过在 Windows XP 等其他操作系统中升级安装 Windows 7。不论使用哪种安装方法，Windows 7 都提供安装向导界面指导用户按照安装提示说明一步步地完成安装工作。

3.2.2　Windows 7 的启动和退出

使用 Windows 7 之前，必须先启动它，使用完之后应该退出 Windows 7，以节省电力，并减少计算机的损耗。下面介绍正确启动与退出 Windows 7 操作系统的方法。

1. Windows 7 的启动

根据 Windows 7 启动前计算机是否加电可以将启动分为冷启动和热启动两种。

（1）冷启动

在安装 Windows 7 之后，用户按计算机上的电源开关启动计算机，系统将会自动进行计算机硬件的自检，引导操作系统启动等一系列复杂动作，最终在屏幕上出现用户登录界面。用户通过选择账户并输入正确的密码，就能登录 Windows 7 系统。

（2）热启动

计算机在使用过程中，不关闭电源的情况下启动计算机的过程，称为热启动。热启动有以下几种方法。

① 单击"开始"按钮，打开"开始"菜单，单击"关机"按钮右侧的小三角按钮，然后在弹出的菜单中选择"重新启动"按钮。

② 按计算机机箱上的"Reset"按钮。

③ 通电状态按 Ctrl+Alt+Del 组合键，在出现的桌面右下角选择"重新启动"计算机。

对于安装了 Windows 7 的计算机来说，在开机时会自动对计算机中的一些基本硬件设备进行检测，确认各设备工作正常后，将系统的控制权交给操作系统 Windows 7，此后屏幕上将显示

Windows 7 引导画面，如图 3-7 所示。

若计算机中已添加多个用户账号，系统随后将显示图 3-8 所示的画面，单击某个用户的图标，即可进入对应用户的操作系统界面；若计算机中只设置了一个用户，且没有设置密码，系统则直接显示登录界面，稍等片刻即可进入 Windows 7 操作系统界面。

2. Windows 7 的退出

Windows 7 系统要求用户完整退出，以便保存更改后系统的信息，为下一次系统启动提供完整的信息，所以要求使用者在执行关闭计算机之前首先要执行退出操作。即先关掉所有打开的程序，然后单击"开始"菜单中的"关机"按钮，如图 3-9 所示。

图 3-7　Windows 7 启动界面

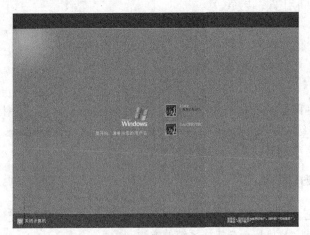

图 3-8　多用户 Windows 7 启动界面

图 3-9　开始菜单对话框

3.2.3　Windows 7 的注销与睡眠

（1）Windows 7 允许多个用户共用同一台计算机，为了方便不同用户快速登录系统，Windows 7 提供了注销功能。注销是中止所有当前用户的进程，不会影响系统进程和服务。注销只是用户切换、重启 Windows 7 操作系统，也就是注册表重新读写一次，计算机不会重新自检，也不会对内存清空。那么，当用户希望注销账户时，可以采用以下方式：单击"开始"按钮，打开"开始"菜单，单击"关机"按钮右侧的小三角按钮，然后在弹出的菜单中选择"注销"按钮。

（2）当用户暂时不需要使用计算机时，但是又不想关闭计算机，这时可以让系统进入睡眠状态。在这种状态下，用户的工作和设置会保存在内存中，当用户需要计算机再次开始工作时，只需要按键盘上的任意键，稍等几秒钟后计算机就会恢复到工作状态。进入睡眠状态的方式如下：单击"开始"按钮，打开"开始"菜单，单击"关机"按钮右侧的小三角按钮，然后在弹出的菜单中选择"睡眠"按钮。

3.2.4　Windows 7 的帮助系统

Windows 7 的帮助系统提供了有关其操作的所有帮助和支持，如遇到了什么问题，可以通过以下两种方式打开帮助系统。

（1）单击"开始"按钮，打开"开始"菜单，然后单击"帮助与支持"按钮，打开 Windows 帮助窗口。

（2）打开 Windows 操作系统帮助的快捷键为 F1。

3.2.5　Windows 7 的桌面

登录 Windows 7 后出现在屏幕上的整个区域即称为"系统桌面"，也可简称为"桌面"。其主要包括：桌面图标、开始菜单、任务栏、桌面背景等部分，如图 3-10 所示。下面主要介绍 Windows 7 桌面中的各组成部分及其操作方法。

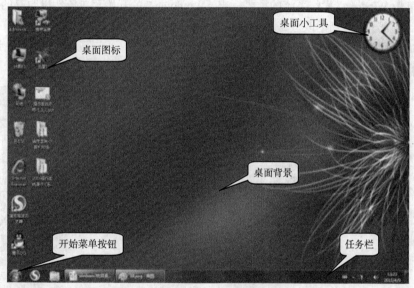

图 3-10　Windows 7 桌面

1．桌面图标

桌面图标实际上是一种快捷方式，用于快速地打开相应的项目及程序。在 Windows 7 中默认的桌面图标只有"回收站"图标，用户可以根据自己的需求进行增添和删除"计算机""网络""回收站"等图标。图标的主要操作方法有以下两种。

（1）排列图标

在桌面空白处单击鼠标右键，在弹出的快捷菜单中选择不同的排列方法，可选择按名称、大小、项目类型和修改时间排列，如图 3-11 所示。

（2）选择图标

选择图标的方式有以下三种。

① 选择单个图标——用鼠标单击该图标；

② 选择多个连续的图标——用鼠标单击第一个图标，再按住 Shift 键的同时单击要选择的最后一个图标；

③ 选择多个非连续的图标——按住 Ctrl 键的同时，用鼠标逐个单击要选择的图标。

桌面图标中通常有"计算机"、"回收站"和"网络"，下面分别对它们进行简单介绍。

a）计算机：用户通过该图标可以实现对计算机硬盘驱动器、文件夹和文件的管理，在其中用户可以访问连接到计算机的硬盘驱动器、照相机、扫描仪和其他硬件以及有关信息。

b）回收站：回收站保存了用户删除的文件、文件夹、图片、快捷方式和 Web 页等。这些项目将一直保留在回收站中，直到用户清空回收站。我们许多误删除的文件就是从它里面找到的。灵活地利用各种技巧可以更高效地使用回收站，使之更好地为自己服务。

c）网络："网络"显示指向共享计算机、打印机和网络上其他资源的快捷方式。只要打开共享网络资源（如打印机或共享文件夹），快捷方式就会自动创建在"网上邻居"上。"网上邻居"文件夹还包含指向计算机上的任务和位置的超链接。这些链接可以帮助用户查看网络连接，将快捷方式添加到网络位置，以及查看网络域中或工作组中的计算机。

2. 开始菜单

开始菜单是 Windows 操作系统的重要标志。Windows 7 的开始菜单依然以原有的"开始"菜单为基础，但是有了许多新的改进，极大地改善了使用效果。

在"开始"菜单中如果命令右边有符号"▸"，表示该项下面有子菜单。例如，计算机右侧有符号"▸"，选择此命令就会展开子菜单如图 3-12 所示。

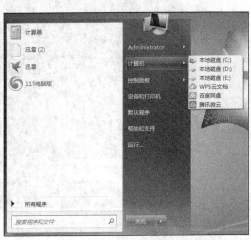

图 3-11　快捷菜单对话框　　　　　　　图 3-12　开始菜单展开子菜单对话框

3. 任务栏

任务栏是位于桌面最下方的一个小长条，它显示了系统正在运行的程序、打开的窗口和当前时间等内容。用户通过任务栏可以完成许多操作，也可以对它进行设置。

（1）任务栏组成

任务栏可分为"开始"菜单按钮、快速启动工具栏、窗口按钮栏、任务栏控制区、语言栏和状态提示区等几部分，如图 3-13 所示，下面详细介绍任务栏的各个部分。

图 3-13　Windows　7 任务栏组成

①"开始"菜单按钮：单击此按钮，可以打开"开始"菜单。在用户操作过程中，要用它打开大多数的应用程序，详细内容在前面已经做了介绍。

② 快速启动工具栏：它由一些小型的按钮组成，单击可以快速启动程序。一般情况下，它包括网上浏览工具 Internet Explorer 图标、收发电子邮件的程序 Outlook Express 图标和显示桌面图标等。

③ 窗口按钮栏：当用户启动某项应用程序而打开一个窗口后，在任务栏上会出现相应的有立体感的按钮，表明当前程序正在被使用。在正常情况下，按钮是向下凹陷的，而把程序窗口最小化后，按钮则是向上凸起的，这样可以使得用户观察更方便。

④ 语言栏：在此用户可以选择各种语言输入法，单击"语言栏"按钮，在弹出的菜单中进行选择可以切换输入法。语言栏可以最小化以按钮的形式在任务栏显示，单击右上角的还原小按钮，也可以独立于任务栏之外。

⑤ 状态提示区：该区域的图标显示当前的一些系统信息，如当前时间、音量等。

用户在任务栏上的非按钮区域单击鼠标右键，在弹出的快捷菜单中选择"属性"命令，即可打开"任务栏和开始菜单属性"对话框，如图 3-14 所示。

图 3-14　任务栏和开始菜单属性对话框

（2）任务栏的操作

任务栏的操作包括以下几种方式。

① 改变任务栏的尺寸：将鼠标的指针移到任务栏框内边缘处，此时鼠标指针变为一个双向的箭头，按住鼠标左键进行上下拖动，即可调整任务栏的尺寸，能扩大到原来一倍左右。

② 改变任务栏的位置：将鼠标的指针移到任务栏空白处，并拖动到桌面其他区域（上方、左边、右边）。

③ 任务栏其他操作：在任务栏的空白处单击右键，在弹出的快捷菜单中单击"属性"，可以进行以下操作。

a）锁定任务栏：当锁定后，任务栏不能被随意移动或改变大小。

b）自动隐藏任务栏：当用户不对任务栏进行操作时，它将自动消失，当用户需要使用时，可以把鼠标放在任务栏位置，它会自动出现。

c）使用小图标：使任务栏中的窗口按钮都变为小图标。

d）屏幕上任务栏的位置：用户可以自主设置任务栏在屏幕的底部、顶部、左侧、右侧。

④ 在任务栏中添加工具栏：在任务栏上的非按钮区单击鼠标右键，在弹出的快捷菜单中的"工具栏"菜单项下选择所要添加的工具栏名称，此时在任务栏上会出现添加的内容。

4. 桌面"小工具"

Windows 7 的桌面上可以添加一些"小工具"，例如：日历、天气、时钟等。这些小工具直接附着在桌面上，给用户提供了很多方便。

（1）添加小工具

新安装的 Windows 7 操作系统的桌面上并没有显示"小工具"，用户必须根据自己的需求添加桌面"小工具"。

鼠标右键单击桌面的空白处，在弹出的快捷菜单中选择"小工具"命令，用户可以在弹出的对话框中看到多个常用的"小工具"，如图 3-15 所示。双击要添加的"小工具"图标，即可将其添加到桌面。

（2）设置小工具

为了满足不同用户的需求，大多数的"小工具"都提供一些设置功能。下面以时钟小工具为例进行介绍。

① 将鼠标移动到时钟小工具上，在其右上角会显示相应的图标，如图 3-16 所示。单击其中的图标，即可打开时钟小工具的设置界面。

图 3-15　小工具窗口

② 在时钟设置界面中，可以切换时钟的样式，设置时钟的名称、时区以及是否显示秒针等，设置完成以后单击"确定"按钮。

不同的小工具，设置界面也不尽相同，但是有些设置是一样的，例如，设置小工具的透明度，在小工具的图标上单击右键，在弹出的快捷菜单中选择"不透明度"命令，然后在弹出的子菜单中可以选择图标的透明度，数值越低，小工具越接近透明，如图 3-17 所示。

图 3-16　Windows 7 时钟窗口

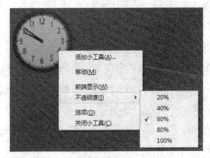

图 3-17　时钟透明度设置菜单

（3）移动和关闭小工具

系统默认的情况是将"小工具"停靠在 Windows 桌面右侧，但是，用户通过在"小工具"上按住左键不放，拖曳"小工具"图标可以将其放置到任何位置。

当用户不再希望某个"小工具"在桌面上显示时，可以将鼠标光标移到"小工具"图标上，然后单击"关闭"按钮，将"小工具"关闭。

3.2.6　Windows 7 的操作

1. 鼠标的基本操作

（1）指向：不单击鼠标键，移动鼠标，将指针移到某一个具体的对象上，用来确定指向该对象。

（2）单击：按一下鼠标的左键。

（3）双击：快速连续按两下鼠标左键。

（4）右击：按一下鼠标右键，通常在某一个对象上单击鼠标右键，弹出与该对象有关的菜单。

（5）拖曳：将鼠标指针指向已选定的对象，按住鼠标左键，移动鼠标到新的位置，释放鼠标左键。

　　鼠标指针指向屏幕的不同部位时，指针的形状会有所不同。此外有些命令也会改变鼠标指针的形状。鼠标操作对象不同，鼠标指针形状也不同，鼠标主要形状如表 3-1 所示。

表 3-1　　　　　　　　　　　　　　鼠标指针的形状和功能说明

指针形状	功能说明
↖	正常选择
↖?	求助符号，指向某个对象并单击，即可显示关于该对象的说明
↖▨	指示当前操作正在后台运行
⧖	指示当前操作正在进行，等操作完成后，才能往下进行
↔	指向窗口左/右两侧边界位置，可左右拖动改变窗口大小
↕	指向窗口上下两侧边界位置，可上下拖动改变窗口大小
↗↖	指向窗口四角位置，拖动可改变窗口大小
👆	指向超链接的对象，单击可打开相应的对象

　　用户可以通过"控制面板"中的"鼠标"选项，进入"鼠标属性"设置对话框，在其中"方案"下拉框中选择不同的方案，鼠标将在显示器上显示不同的样式。

2. 键盘操作

　　Windows 7 定义了许多常用的组合键，熟练使用这些组合键，可以帮助我们更方便地进行 Windows 操作，常用的组合键如下。

　　（1）Delete：删除被选择的选择项目，该项目将被放入回收站。

　　（2）Shift+Delete：删除被选择的选择项目，该项目将被直接删除而不是放入回收站。

　　（3）Alt+F4：关闭当前应用程序。

　　（4）Alt+Tab：切换当前程序。

　　（5）Ctrl+ C：复制。

　　（6）Ctrl+ X：剪切。

　　（7）Ctrl+ V：粘贴。

　　（8）Ctrl+ Z：撤销。

3. 窗口的基本操作

　　（1）Windows 7 计算机窗口的基本组成，如图 3-18 所示。

　　① 标题栏：在 Windows 7 中，标题栏位于窗口的最顶端，不显示任何标题，而在最右端有"最小化""最大化/还原""关闭"三个按钮，用来改变窗口的大小和关闭窗口操作。用户还可以通过标题栏来移动窗口。

　　② 地址栏：类似于网页中的地址栏，用来显示和输入当前窗口地址。用户也可以单击右侧的下拉按钮，在弹出的列表中选择路径，给快速浏览文件带来了方便。

　　③ 搜索栏：窗口右上角的搜索栏主要是用于搜索计算机中的各种文件。

　　④ 工具栏：给用户提供了一些基本的工具和菜单任务。

　　⑤ 导航窗格：在窗口的左侧，它提供了文件夹列表，并且以树状结构显示给用户，帮助用户迅速定位所需的目标。

　　⑥ 窗口主体：在窗口的右侧，显示窗口中主要内容，例如不同的文件夹和磁盘驱动等。

　　⑦ 详细信息窗格：用于显示当前操作的状态（即提示信息），或者当前用户选定对象的详细信息。

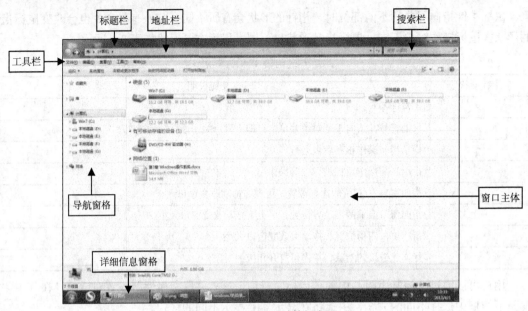

标题栏　地址栏　　　　搜索栏
工具栏
窗口主体
导航窗格
详细信息窗格

图 3-18　Windows 7 计算机窗口

（2）窗口的基本操控

① 调整窗口的大小

在 Windows 7 中，用户不但可以通过标题栏最右端的"最小化""最大化/还原"按钮，用来改变窗口的大小，而且用户可以通过鼠标来改变窗口的大小。当鼠标悬停在窗口边框的位置，在鼠标指针变成双向箭头时，按住鼠标左键进行拖曳，即可调整窗口的大小。

② 多窗口排列

用户在使用计算机时，打开了多个窗口，而且需要它们全部处于显示状态，那么就涉及排列问题。Windows 7 提供了 3 种排列方式：层叠窗口、堆叠显示窗口、并排显示窗口，鼠标右键单击任务栏的空白区弹出一个快捷菜单，如图 3-19 所示。

层叠窗口：把窗口按照打开的先后顺序依次排列在桌面上，如图 3-20 所示。

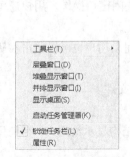

图 3-19　窗口排列菜单

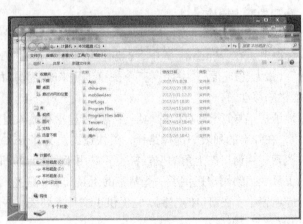

图 3-20　层叠窗口排列界面

堆叠显示窗口：系统在保证每个窗口大小相当的情况下，使窗口尽可能沿水平方向延伸，如图 3-21 所示。

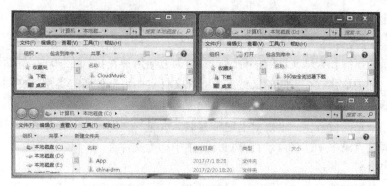

图 3-21　堆叠窗口排列界面

并排显示窗口：系统在保证每个窗口大小相当的情况下，使窗口尽可能沿垂直方向延伸，如图 3-22 所示。

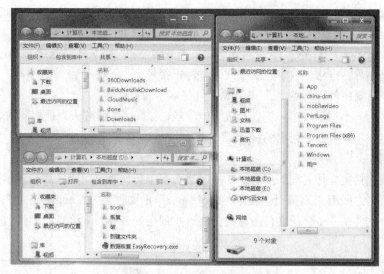

图 3-22　并排窗口排列界面

③ 多窗口切换预览

用户在日常使用计算机时，桌面上常常会打开多个窗口，那么，用户可以通过多窗口切换预览的方法找到自己需要的窗口，下面介绍两种窗口切换预览方法。

a）单击任务栏上的程序按钮来实现程序窗口间的切换；

b）使用 Alt+Tab 组合键进行切换：按住 Alt 键不放，通过按 Tab 键来选择不同的窗口。

3.3　Windows 7 的文件和文件夹管理

3.3.1　文件与文件夹的基本知识

1. 文件的概念

文件就是用户赋予了名字并存储在磁盘上的信息的集合。它可以是用户创建的文档，也可以是可执行的应用程序或一张图片、一段声音等。

2. 文件夹和子文件夹

文件夹是系统组织和管理文件的一种形式，是为方便用户查找、维护和存储而设置的，用户可以将文件分门别类地存放在不同的文件夹中。在文件夹中可存放所有类型的文件和下一级文件夹、磁盘驱动器及打印队列等内容。

磁盘是存储信息的设备，一个磁盘上通常存储了大量的文件。为了便于管理，将相关文件分类后存放在不同的目录中。这些目录在 Windows 7 中称为文件夹。

3. 文件的路径

文件的路径是指文件存放的位置。一般分为绝对路径和相对路径。

（1）绝对路径：是指从根目录开始查找一直到文件所处在的位置所要经过的所有目录，目录名之间用反斜杠（\）隔开。例如：C：\Windows \music\gao\good.mp3。

（2）相对路径：是指从当前目录开始到文件所在的位置之间的所有目录。例如当前目录为 C：\Windows \music，则 C：\Windows \music\gao\good.mp3 的相对路径为\ gao\good.mp3。

4. 文件的命名方法

（1）中文 Windows 7 允许使用长文件名，即系统下路径和文件名的总长度不超过 260 个字符；这些字符可以是字母、空格、数字、汉字或一些特定符号。

（2）在一个目录中使用句点 "." 来分隔文件基本名和扩展名。

（3）文件名对大小写不敏感。例如 OSCAR、Oscar 和 oscar 将被认为是相同的名字。

（4）文件名中不能有以下列出的符号：" | \ < > * / : ?。

5. 文件类型

文件名一般包括主文件名和扩展名。扩展名也由多个英文字符组成，用来表示文件的类型。主文件名和扩展名之间用 "." 隔开。例如 "apple.mp3" 的文件名中，apple 是文件名，mp3 为扩展名，表示这个文件是一个音乐文件。常见的文件扩展名如表 3-2 所示。

表 3-2　　　　　　　　　　文件类型表

扩 展 名	文件类型
*.txt	文本文件
.docx、.doc	Word 文件
*.avi	音频、视频交错文件
*.bat	批处理文件
*.exe	可执行文件
*.dll	动态链接库文件
*.gif	采用 GIF 格式压缩的图像文件
*.jpg	采用 JPEG 格式压缩的图像文件
*.ioc	图标文件
*.ini	初始化信息文件
*.html	主页文件
*.psd	Adobe Photoshop 的图像文件格式
.zip、.rar	压缩文件
*.c	C 语言文件

续表

扩 展 名	文件类型
*.mpg	采用 MPEG 格式压缩的视频文件
*.mp3	采用 MPEG 格式压缩的音频文件
.rmvb、.rm	采用 REAL 格式压缩的音频文件
*.pdf	Adobe Acrobat 文档格式文件
.xlsx、.xls	Excel 文件
*.ppt	PowerPoint 文件

6. 文件的树形存储结构

在各个层次的不同文件夹里存放不同类型和用途的文件，可以使文件的存放达到分门别类的目的，以便于操作者操作相应的文件。各层文件夹和文件组成的结构称为文件的树型存储结构。最上层的文件夹称为根，下面链接的文件夹称为树枝。

3.3.2　文件和文件夹的基本操作

1. 创建新文件夹

用户可以通过"桌面""计算机"或"Windows 资源管理器"的"浏览"窗口来创建新的文件夹，创建新文件夹可执行下列操作步骤。

（1）双击"计算机"图标，打开"计算机"对话框。

（2）双击要新建文件夹的磁盘，打开该磁盘。

（3）选择"文件"选项卡下的"新建"展开子菜单中的"文件夹"命令或在桌面单击右键，在弹出的快捷菜单中选择"新建"展开子菜单中的"文件夹"命令即可新建一个文件夹，第二种情况操作如图 3-23 所示。

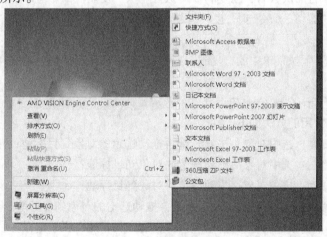

图 3-23　新建文件夹菜单

（4）在新建的文件夹名称文本框中输入文件夹的名称，再单击 Enter 键或用鼠标单击其他地方即可。

2. 重命名文件和文件夹

重命名文件或文件夹就是给文件或文件夹重新命名一个新的名称，使其可以更符合用户的要求。

重命名文件或文件夹的具体操作步骤如下。

（1）选择要重命名的文件或文件夹。

（2）单击"文件"下拉菜单中的"重命名"命令，或单击鼠标右键，在弹出的快捷菜单中选择"重命名"命令。

（3）当文件或文件夹的名称将处于编辑状态（蓝色反白显示），用户可直接键入新的名称进行重命名操作。

也可在文件或文件夹名称处直接单击两次（两次单击间隔时间应稍长一些，以免使其变为双击），使其处于编辑状态，键入新的名称进行重命名操作。

3. 选定文件或文件夹

（1）单个文件或文件夹：单击该文件或文件夹。

（2）多个连续的文件或文件夹。

① 按住 Shift 键不放，单击第一个文件或文件夹和最后一个文件或文件夹。

② 在要选择的文件或文件夹的外围单击并拖动鼠标，则文件或文件夹周围将出现一虚线框，鼠标经过的文件或文件夹将被选中。

（3）多个不连续的文件或文件夹：单击第一个文件或文件夹，按住 Ctrl 键，单击其余要选择的文件或文件夹。

（4）所有文件或文件夹：按 Ctrl+A 组合键，或单击"编辑"菜单中的"全选"。

4. 复制、移动文件和文件夹

（1）移动与复制的区别

在实际应用中，有时用户需要将某个文件或文件夹移动或复制到其他地方以方便使用，这时就需要用到移动或复制命令。

从执行的结果看：复制之后，在原位置和目标位置都有这个文件；而移动后，只有在目标位置有这个文件。从执行的次数看：在复制中，执行一次"复制"命令可以"粘贴"无数次；而在移动中，执行一次"剪切"命令却只能"粘贴"一次。

（2）操作方法

① 选择"编辑"下拉菜单中的"复制"或"剪切"，选定目标地，再选择"编辑"下拉菜单中"粘贴"。

② 组合键：按 Ctrl+C 或 Ctrl+X 组合键，选定目标地，按 Ctrl+V 组合键。

③ 鼠标拖动，常用的方法如下。

同一磁盘中的复制：选中对象→按 Ctrl 键再拖动选定的对象到目标地；

不同磁盘中的复制：选中对象→拖动选定的对象到目标地；

同一磁盘中的移动：选中对象→拖动选定的对象到目标地；

不同磁盘中的移动：选中对象→按 Shift 键再拖动选定的对象到目标地。

④ 快捷菜单：单击鼠标右键，选择"复制"，选定目标地，再单击鼠标右键，选择"粘贴"。

5. 删除文件或文件夹

当有的文件或文件夹不再需要时，用户可将其删除掉，以利于对文件或文件夹的管理。删除后的文件或文件夹将被放到"回收站"中，用户可以选择将其彻底删除或还原到原来的位置。

删除文件或文件夹的操作如下。

（1）选定要删除的文件或文件夹。若要选定多个相邻的文件或文件夹，可按 Shift 键进行选择；若要选定多个不相邻的文件或文件夹，可按 Ctrl 键进行选择。

（2）选择"文件"下拉菜单中的"删除"命令，或单击鼠标右键，在弹出的快捷菜单中选择"删除"命令。

（3）弹出"确认文件/文件夹删除"对话框，如图 3-24 所示。

图 3-24　删除文件/文件夹对话框

（4）若确认要删除该文件或文件夹，可单击"是"按钮；若不删除该文件或文件夹，可单击"否"按钮。

从网络位置删除的项目、从可移动媒体（例如 U 盘）删除的项目或超过"回收站"存储容量的项目将不被放到"回收站"中，而被彻底删除，不能还原。

6. 恢复删除的文件或文件夹

Windows 提供了一个恢复被删除文件的工具，即"回收站"。如果没有被删除的文件，它显示为一个空纸篓的图标；如果有被删除的文件，则显示为装有废纸的纸篓图标。

借助"回收站"，可以将被删除的文件或文件夹恢复。

（1）方法一：双击"回收站"图标，打开"回收站"窗口，选择要恢复的文件或文件夹，单击"文件"菜单中的"还原"按钮或单击鼠标右键，选择"还原"命令，则选定对象自动恢复到删除前的位置。

（2）方法二：选择要恢复的文件或文件夹，直接拖曳到某一文件夹或驱动器中。

（3）方法三：双击"回收站"图标，打开"回收站"窗口，双击要恢复的文件或文件夹，在弹出属性对话框中单击"还原"按钮，即可将文件或文件夹恢复，如图 3-25 所示。

图 3-25　还原文件或文件夹对话框

7. 创建快捷方式

可以设置成快捷方式的对象有应用程序、文件、文件夹、打印机等。

（1）快捷菜单法。

选定对象，单击鼠标右键，在快捷菜单中选择"发送到"展开子菜单中的"桌面快捷方式"命令。

（2）拖放法。

选定对象，单击鼠标右键并拖曳到目标位置后松开右键，在弹出的快捷菜单中选择"在当前位置创建快捷方式"命令。

（3）直接在桌面上创建快捷方式。

在桌面空白处单击鼠标右键，在快捷菜单中选择"新建"菜单中的"快捷方式"命令，出现创建快捷方式对话框，在命令行中输入项目的名称和位置。如果不清楚项目的详细位置，可以单击"浏览"按钮来查找该项目。

8. 查看或修改文件或文件夹的属性

文件或文件夹包含三种属性：只读、隐藏和存档。若将文件或文件夹设置为"只读"属性，则该文件或文件夹不允许更改和删除；若将文件或文件夹设置为"隐藏"属性，则该文件或文件夹在常规显示中将不被看到；若将文件或文件夹设置为"存档"属性，则表示该文件或文件夹已存档，有些程序用此选项来确定哪些文件需做备份。一个文件可以具有上述一种或多种属性。

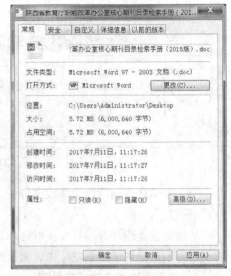

图 3-26　Word 文档属性对话框

更改文件或文件夹属性的操作步骤如下。

（1）选中要更改属性的文件或文件夹。

（2）选择"文件"下拉菜单中的"属性"命令，或单击鼠标右键，在弹出的快捷菜单中选择"属性"命令，打开"属性"对话框。

（3）选择"常规"选项卡，如图 3-26 所示。

（4）在该选项卡的"属性"选项组中选定需要的属性复选框。

（5）单击"确定"按钮即可应用该属性。

3.4　打造个性化的 Windows 7

Windows 7 操作系统具有极为人性化的界面，并且提供了丰富的自定义选项，用户可以根据自己的个性更换桌面主题，更改窗口的颜色和透明度，自选桌面背景和图标，自定义任务栏和开始菜单等。通过这些设置，可以使用户的桌面更加赏心悦目，满足用户的个性化需求。

3.4.1　个性化显示

本小节主要介绍了 Windows 7 操作系统在显示方面的个性化设置，例如：屏幕分辨率和刷新频率的修改，桌面主题、背景、图标的设置，自定义任务栏和开始菜单等。

1. 修改屏幕的分辨率和刷新频率

一般情况下，Windows 7 系统会自动检测显示器，并且设置最佳的屏幕分辨率以及刷新频率。如果系统默认的设置不正确，或者用户需要使用其他的分辨率，可以鼠标右键单击桌面空白处，在弹出的快捷菜单中选择"屏幕分辨率"命令，如图 3-27 所示。

图 3-27　桌面快捷菜单

打开设置屏幕分辨率窗口，在屏幕分辨率设置对话框中，在"分辨率"下拉框中选择要使用的分辨率，如图 3-28 所示。

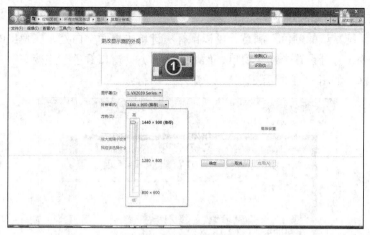

图 3-28　选择屏幕分辨率

单击"高级设置"链接文字，选择"监视器"选项卡，以便调整刷新频率，如图 3-29 所示。

2. 更换桌面主题

Windows 7 操作系统为了方便用户对 Windows 外观进行设置，提供了多个主题，用户只需要选择自己喜欢的主题，即可快速使桌面背景、窗口边框颜色等个性化。

Windows 7 的主题分为基本主题和 Aero 主题两大类，其中 Aero 主题更为美观，功能更为强大，但是对计算机的硬件配置要求更高。更换桌面主题的步骤如下。

步骤 1：鼠标右键单击桌面空白处，在弹出的快捷菜单中选择"个性化"命令，打开设置个性化窗口。

图 3-29　设置刷新频率对话框

步骤 2：在列表中选择将要使用的主题，如果计算机不支持 Aero 主题，将无法查看及使用该区域的主题，如图 3-30 所示。

图 3-30　选择主题窗口

3. 更改窗口的颜色和透明度

如果用户对系统默认的颜色不满意，可以鼠标右键单击桌面空白处，在弹出的快捷菜单中选择"个性化"命令，打开设置个性化窗口，然后单击下方"窗口颜色"连接文字，打开设置窗口颜色和外观对话框，如图 3-31 所示。

图 3-31　设置窗口颜色和外观对话框

系统向用户提供了多种配色方案，当用户选择一种主题时，只需单击颜色方块即可应用这些配色方案，然后可以通过拖曳下方"颜色浓度"滑块，调整颜色的浓度，如图 3-32 所示。

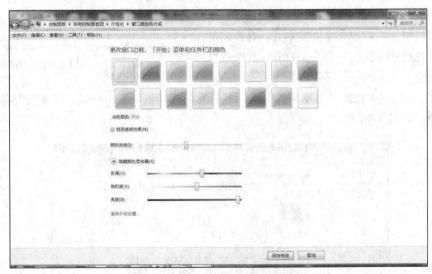

图 3-32　窗口的颜色和透明度设置

4. 自选桌面背景

以往的 Windows 操作系统只能设置一张图片作为桌面背景，而在 Windows 7 操作系统中，用户可以指定多张图片作为桌面背景，系统根据用户设置的更改图片时间间隔定时更换背景图片。

具体的操作步骤如下。

步骤一：鼠标右键单击桌面空白处，在弹出的快捷菜单中选择"个性化"命令，打开设置个性化窗口。

步骤二：在"个性化"窗口中单击"桌面背景"链接文字，打开设置桌面背景窗口，如图 3-33 所示。

图 3-33　桌面背景设置

步骤三：在"图片位置"下拉菜单中选择背景图片所在的位置，如果下拉菜单中没有所需的位置，则单击"浏览"按钮，在弹出的对话框中选择。系统允许用户选择多张图片作为背景，在列表中选择要使用的图片上的复选框，在"图片位置"下拉菜单中选择图片显示的方式，然后在"更改图片时间间隔"下拉菜单中选择更换桌面图片的频率。设置完成后，单击"保存修改"按钮。

5. 自选桌面图标

Windows 7 操作系统默认情况下桌面上只有"回收站"的图标，Windows 老用户熟悉的"计算机"和"我的文档"等图标都消失了。但是，如果用户习惯使用这些图标，可以通过以下步骤重新设置桌面的图标。

步骤一：鼠标右键单击桌面空白处，在弹出的快捷菜单中选择"个性化"命令，打开设置个性化窗口。

步骤二：在"个性化"窗口中单击"更改桌面图标"链接文字，打开设置桌面图标窗口。

步骤三：在"桌面图标设置"对话框中，在"桌面图标"选项区域选择要显示的图标，然后单击"确定"按钮。如图 3-34 所示。

6. 自定义任务栏

Windows 7 操作系统提供了丰富的自定义功能，用户可以根据自己的使用习惯调整任务栏，具体的设置步骤如下。

步骤一：在任务栏的空白处单击鼠标右键，在弹出的快捷菜单中选择"属性"选项，如图 3-35 所示。

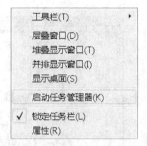

图 3-34　桌面图标设置对话框　　　　　　图 3-35　启动任务栏和开始菜单属性设置快捷菜单

步骤二：打开"任务栏和开始菜单属性"窗口，在"任务栏"选项卡的"屏幕上的任务栏位置"下拉菜单中，选择任务栏显示的位置；用户可以根据自己的使用习惯在任务栏外观复选框中选择"锁定任务栏""自动隐藏任务栏"和"使用小图标"；同时，在"任务栏按钮"下拉菜单中选择"当任务栏被占满时合并标签""从不合并标签"等选项来设置任务栏的属性，如图 3-36 所示。

7. 自定义开始菜单

下面介绍如何设置开始菜单电源按钮的操作、开始菜单显示项目等。

步骤一：在开始菜单上单击鼠标右键，在弹出的快捷菜单中选择"属性"命令，打开设置任务栏和开始菜单属性对话框，如图 3-37 所示。

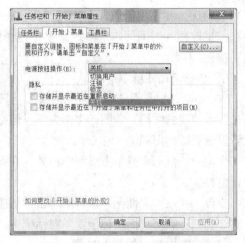

图 3-36　任务栏属性设置对话框　　　　　　图 3-37　开始菜单属性设置对话框

步骤二：在"开始菜单"选项卡中，用户可以根据自己的使用习惯，设置电源按钮操作，并且在隐私中复选框可以选择"存储并显示最近在开始菜单中打开的程序"以及"存储并显示最近在开始菜单和任务栏中打开的项目"。这两项设置可以方便用户快速打开之前曾经打开的内容，但同时可能泄露用户的个人隐私。

步骤三：单击"自定义"按钮继续下一步设置，"自定义开始菜单"中列出了所有可以显示在开始菜单中的项目。用户可以根据习惯，选择要显示的项目，然后在"开始菜单大小"区域设置显示打开过的程序的数量，以及在跳转列表中显示最近使用过的项目的数量。设置完成后，单击"确定"按钮，如图 3-38 所示。

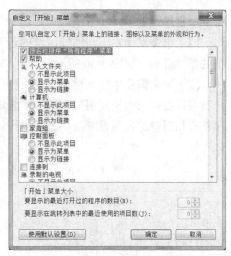

图 3-38　自定义开始菜单对话框

8. 自定义系统通知区域

系统在软件运行时都会在通知区域显示相应的图标，当运行的软件较多时，通知区域的显示就很混乱，一些经常需要使用的图标反而被隐藏起来。这时，用户可以自定义哪些图标在通知区域显示，哪些图标隐藏。

步骤一：在任务栏的空白处单击鼠标右键，在弹出的快捷菜单中选择"属性"命令，打开"任务栏和开始菜单属性"对话框。

步骤二：在"任务栏和开始菜单属性"对话框中的"通知区域"单击"自定义"按钮，打开"通知区域图标"对话框，如图 3-39 所示。

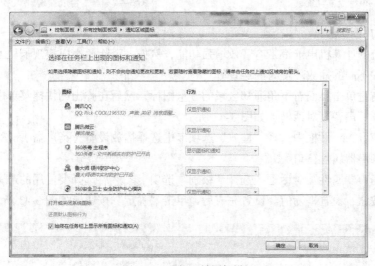

图 3-39　通知区域图标设置

步骤三：在列表中会显示通知区域可用的图标，通过图标对应的下拉菜单可以选择图标的行为。其中"显示图标和通知"表示该图标会一直显示在通知区域；"仅显示通知"表示该图标平时处于隐藏状态，当有通知更改和更新时才会显示；"隐藏图标和通知"表示该图标在所有时候都隐藏。设置完成以后，单击"确定"按钮。

3.4.2　音量与音效调整

本小节主要介绍 Windows 7 的音量调整功能，主要包括调整系统的音量大小、设置扬声器音效等。

1. 系统音量调节

Windows 7 的系统音量设置更为人性化，不仅能够调整系统的整体音量，而且还可以单独为每一个程序设置不同的音量。

（1）单击桌面右下角通知区域的音量图标，然后在弹出的控制窗口中拖曳滑块，即可调整系统的整体音量，如图 3-40 所示。

（2）如果需要单独调整某个应用程序的音量，但又不希望影响其他程序的音量大小，那么用户就可以在弹出的控制窗口中单击"合成器"链接文字，在弹出的对话框中，每个运行的应用程序都有相对应的音量设置滑块，拖曳滑块就可以调整对应程序的音量，如图 3-41 所示。

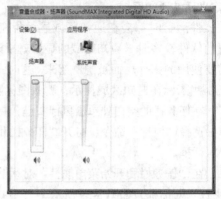

图 3-40　音量设置　　　　　　　　　图 3-41　音量合成器窗口

2. 设置扬声器音效

目前，主流的计算机声卡都带有音效增强功能，例如，消除原声以实现卡拉 OK 伴奏效果，可以模拟在各种不同的播放环境时的声音等。

（1）鼠标右键单击桌面右下角通知区域的音量图标，然后在弹出的快捷菜单中选择"播放设备"命令，打开"声音"对话框，如图 3-42 所示。

（2）在"声音"对话框中选择"播放"选项卡中选择播放设备（扬声器），然后单击"属性"按钮打开设置扬声器属性窗口。

（3）在"扬声器属性"对话框中选择"级别"选项卡，然后选择要使用的声音效果，也可以单击"平衡"按钮，设置平衡值。设置完成后，单击"确定"按钮，如图 3-43 所示。

图 3-42　声音对话框　　　　　　　　　图 3-43　扬声器属性设置对话框

3.4.3 区域和语言设置

用户可以通过开始菜单中控制面板的"区域和语言"功能对话框的"格式"选项卡，对计算机的日期、时间的显示格式进行设置，如图 3-44 所示。

在"键盘和语言"选项卡中可以设置用来输入文字的方法或者新的语言键盘布局。同时，还可以在计算机上安装多种语言，例如俄语、日语、法语等，如图 3-45 所示。具体操作如下。

 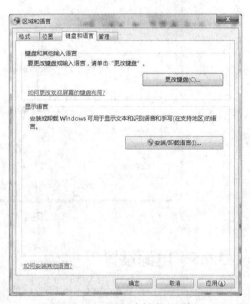

图 3-44　区域和语言设置对话框　　　　　　　　　图 3-45　更改语言键盘对话框

首先，选择"键盘和语言"选项卡，单击"更改键盘"按钮，在弹出的"文本服务和输入语言"对话框中，单击"添加"按钮，打开"添加输入语言"对话框，在列表中选择要添加的语言，在下拉列表中选择要添加的键盘布局或输入法编辑器，如图 3-46 所示。

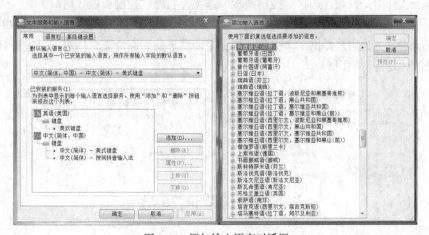

图 3-46　添加输入语言对话框

3.4.4　日期和时间设置

当计算机启动以后，用户便可以在任务栏的通知区域看到系统当前时间。当然，用户还可以根据自己的需求重新设置计算机系统的日期和时间以及选择适合自己的时区。

首先，用户通过双击控制面板中的"日期和时间"连接文字，打开"日期和时间"对话框，然后单击"更改日期和时间"按钮打开"日期和时间设置"对话框，即可对日期和时间进行设置。单击"更改时区"按钮打开"更改时区"对话框，即可对时区进行设置。如图 3-47 所示。

图 3-47　时间和日期设置

3.4.5　电源设置

本小节主要介绍 Windows 7 的电源设置功能，主要包括电源计划、调整电源计划及启用休眠功能。

1．选择电源计划

为了方便管理，Windows 7 为用户提供了 3 个电源计划，用户只需要根据自己的实际情况进行选择，即可以完成设置。

（1）单击"开始"按钮，选择"控制面板"选项，打开"控制面板"窗口。

（2）在"控制面板"窗口中单击"电源选项"，打开"电源选项"窗口，如图 3-48 所示。

（3）Windows 7 为用户提供 3 个电源计划：平衡、节能、高性能，用户可以根据自己的需求选择一种电源计划进行使用。

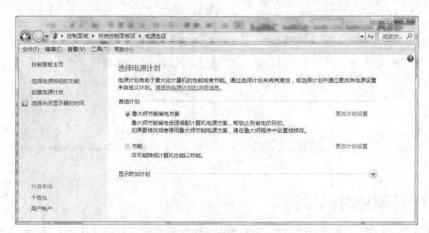

图 3-48　电源选项窗口

2. 调整电源计划

用户设置了电源计划以后，还可以根据自己的实际需求对电源计划进行微调。

（1）单击"开始"按钮，选择"控制面板"选项，打开"控制面板"窗口，在"控制面板"窗口单击"电源选项"按钮，打开"电源选项"窗口。

（2）单击要调整的电源计划右侧的"更改计划设置"按钮。

（3）在"编辑计划设置"对话框的"关闭显示器"下拉菜单中设置计算机多长时间没有操作时会自动关闭显示器，在"使计算机进入睡眠状态"下拉菜单设置计算机多长时间没有操作时自动进入睡眠状态。设置完成后，单击"更改高级电源设置"链接文字，查看更多的设置项目，如图 3-49 所示。

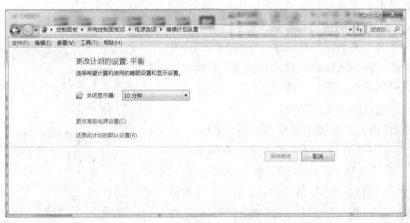

图 3-49　编辑计划设置对话框

（4）在弹出的"电源选项"对话框列表中显示了关于电源管理的各个设置项目，用户可以根据自己的实际情况对各项列表进行设置，例如，可以对计算机休眠功能进行启动和禁用。设置完成后，单击"确定"按钮即可，如图 3-50 所示。

图 3-50　电源选项对话框

3.5 Windows 7 应用程序管理

3.5.1 应用程序的安装

1. 普通应用程序安装

普通应用程序安装方法：直接在安装程序的源文件处，找 SETUP.exe 或者 INSTALL.exe 文件，双击图标进行安装。安装过程中需要注意安装的目录和序列号。安装目录是指用户将应用程序安装到硬盘中的目录，序列号是应用程序厂家的授权号码，一般在光盘封皮上。

2. Windows 组件的启用和停用

Windows 7 有很多功能都是以系统组件的方式存在的，有些组件在安装 Windows 7 时没有安装，有些组件是用户很长时间都不会使用的，这时用户可以根据自己的情况设置启用或者停用这些功能。

单击"开始"按钮，在弹出菜单中单击"控制面板"命令，在控制面板中，选择"程序和功能"，在弹出对话框中选择"打开或关闭 Windows 功能"标签，弹出"Windows 功能"向导对话框，如图 3-51 所示。在对话框中列出了 Windows 的各项组件，如果要启用某项组件只需要选择相应的复选框；如果要停用某项组件，则取消相应的复选框，设置完毕，单击"确定"按钮即可。

图 3-51　Windows 功能对话框

3.5.2 应用程序的启动

应用程序安装成功后，一般会在桌面和开始菜单中建立启动应用程序的快捷方式。单击相应的图标就可完成。以 QQ 软件的运行为例，如图 3-52 所示。

（a）开始菜单方式启动

（b）桌面快捷方式启动

图 3-52　QQ 启动菜单

3.5.3 应用程序的卸载

在 Windows 7 中安装应用程序后，应用程序不但生成自己的目录，同时还要复制很多其他文件到 Windows 系统目录里。此时如果仅仅简单地删除程序的安装目录，就会导致很多的错误，严重时甚至会引起系统的彻底崩溃。

应用程序的卸载有以下两种方法。

（1）在开始菜单中，进入要卸载应用程序的快捷方式目录，查找卸载菜单，单击后按照向导要求进行卸载，QQ 软件的卸载命令如图 3-53 所示。

（2）单击"开始"按钮，在弹出菜单中单击"控制面板"，在控制面板中，选择"程序和功能"，弹出对话

图 3-53 开始菜单中卸载应用程序的菜单

框如图 3-54 所示。在列表中选择要卸载的程序，然后单击"卸载/更改"按钮，根据卸载向导的提示进行程序卸载。卸载完成以后，单击"关闭"按钮关闭卸载向导。

图 3-54 卸载应用程序的窗口

3.5.4 常用的 Windows 7 的附件

Windows 7 系统有很多非常实用的软件，例如画图工具、便签、计算器、截图工具等，Windows 将这些工具放在"附件"中。本节对一些常用的工具进行介绍。

1. 画图工具

Windows 7 自带了画图工具。它是一个位图编辑器，可以对各种位图格式的图画进行编辑。用户可以自己绘制图画，也可以对扫描的图片进行编辑修改。在编辑完成后，可以用 BMP、JPG、GIF、TIFF 和 PNG 等格式存档，用户还可以发送到桌面或其他文本文档中。单击"开始"按钮，在"所有程序"中的"附件"里选择"画图"，即可打开"画图"窗口，如图 3-55 所示。

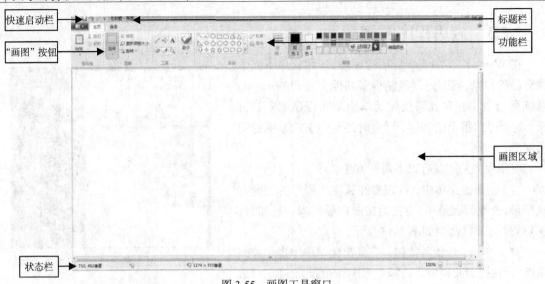

快速启动栏

"画图"按钮

标题栏

功能栏

画图区域

状态栏

图 3-55 画图工具窗口

画图的程序界面由以下几部分构成。

（1）标题栏：在这里标明了用户正在使用的程序和正在编辑的文件。

（2）快速启动栏：此区域提供了快速保存、快速新建、撤销、重做等工具。

（3）画图按钮：单击此处可以打开、保存、打印图片，并且可以查看可以对图片执行其他操作。

（4）功能栏：当单击"主页"按钮时窗口就会呈现"剪贴板""图像""形状""颜色"等功能；当单击"查看"按钮时窗口就会呈现"缩放""显示或隐藏"等功能。

（5）画图区域：处于整个界面的中间，为用户提供画布。

（6）状态栏：它的内容随光标的移动而改变，标明了当前鼠标所处位置的信息。

2. 录音机

单击"开始"按钮，在"所有程序"的"附件"里选择"录音机"，如图 3-56 所示。使用"录音机"可以录制、混合、播放和编辑声音文件（.wav 文件），也可以将声音文件链接插入另一文档中。

图 3-56 录音机工具窗口

3. 计算器

单击"开始"按钮，在"所有程序"的"附件"里选择"计算器"。计算器可以帮助用户完成数据的运算，可分为"标准计算器""科学计算器""程序员""信息统计"和基本的单位转换和日期计算。通过单击"计算器"窗口的"查看"下拉菜单均可实现，如图 3-57 所示。

打开计算器工具，默认为"标准计算器"，可以完成日常工作中简单的算术运算。在标准计算器中，输入要计算的内容，例如 3+6，按运算式从左向右依次按"3""+""6"，最后按"="即可得到结果，如图 3-58 所示。

图 3-57　计算机工具窗口的查看下拉菜单

图 3-58　标准计算器窗口

单击计算器的"查看"下拉菜单，选中"科学型"，就会出现科学计算器，如图 3-59 所示。"科学计算器"可以完成较为复杂的科学运算，比如函数运算等。假如我们要计算余弦值，我们输入角度或弧度的数值后，直接点"cos"按钮，结果就会输出。同时我们还可以很方便地进行平方、立方、对数、阶数、倒数的运算。

如果在标准计算器中，要计算（6+5）*7 时，就需要先算 6+5=11，再算 11*7=77。这样计算比较烦琐，在科学计算器中可以进行复杂运算。首先，在记事本里编写要运算的计算式，如：（6+5）*7，然后选择复制。打开计算器的"编辑"菜单，再单击"粘贴"按钮，做完这些操作后，最后按计算器的"="按钮，计算器就会将最后的计算结果显示在输出文本框中。

"程序员"计算主要是指计算器可以方便快捷地进行二进制、八进制、十进制、十六进制之间的任意转换，还可以进行与、或、非等逻辑运算，如图 3-60 所示。其他的功能在此不赘述。

图 3-59　科学型计算器窗口

图 3-60　程序员计算器窗口

案例 1：设置个性化开机音乐

（1）打开控制面板中的"声音"，再单击"声音"选项卡，把"声音方案"选择"Windows 默认"，然后单击"确定"按钮。

（2）把你的准备的开关机音乐的名字分别更改为"Windows 启动.wav"和"Windows 关机.wav"。格式必须是.wav 格式的音乐。

（3）把它复制到 C:\WINDOWS \Media 文件中替换即可。

（4）同样的方法也可以修改 Windows 菜单命令、Windows 错误等声音。

案例 2：备份与还原系统

Windows 7 提供了系统备份和还原功能，用户可以在计算机运行状态最佳的情况下给系统作个备份；当日后系统在使用过程中出现问题时，用户就可以使用还原功能撤销对计算机的系统更改，使计算机系统又恢复到以前备份系统时的状态。

备份系统的方法，步骤如下。

（1）在控制面板单击备份和还原选项，弹出"备份或还原文件"窗口。在窗口中单击"创建系统镜像"链接。

（2）在弹出的"创建系统镜像"对话框中选择保存镜像的位置，单击"下一步"按钮，用户可以选择备份中要包含的驱动器，然后单击"下一步"按钮。

（3）经过前面的操作，备份设置已经完成，系统列出设置的详细信息，用户确认正确以后，单击"开始备份"按钮，系统开始备份。

当系统出现问题时，用户可以通过系统的还原功能使系统恢复到正常状态。它的实现方法也比较简单。

通过控制面板的备份和还原窗口中的"恢复系统设置或计算机"打开"恢复"窗口，单击"打开系统还原"按钮，进入"还原系统文件和设置"窗口，按照对话框提示，根据还原的时间和日期选择一个合适的还原点，进行还原即可。

3.6 习　题

一、选择题

1. 以下叙述正确的是（　　　）。
   A. 应用软件是系统软件与计算机交互的接口　　B. 操作系统控制用户程序的运行
   C. 应用软件管理计算机系统的资源　　　　　　D. 聊天软件属于系统软件

2. Windows 界面上，不能将某文件夹中的文件按（　　　）为序进行排列。
   A. 文件大小　　　　B. 建立或修改时间　　　C. 文件属性　　　　　D. 文件类型

3. Windows 中，（　　　）文件扩展名表明该文件是压缩文件。
   A. rar 和 zip　　　　B. com 和 exe　　　　C. doc 和 dot　　　　D. jpg 和 bmp

4. 以下关于 Windows 界面工作区的叙述正确的是（　　　）。
   A. 如果工作区的宽度不足以显示行内全部内容，则会自动出现垂直滚动条
   B. 如果工作区的宽度不足以显示行内全部内容，则会自动出现水平滚动条
   C. 如果工作区高度不足以显示所有的行，则会自动出现水平滚动条
   D. 如果工作区的内容已经全部显示出来，则一定会同时出垂直和水平滚动条

5. 在 Windows 界面上，如果 A 窗口中的部分内容被 B 窗口覆盖，则移动鼠标光标到 B 窗口的（　　　），按住鼠标左键并移动鼠标可以将 B 窗口移开些。
   A. 状态栏　　　　　B. 工具栏　　　　　　C. 标题栏　　　　　　D. 菜单栏

6. Windows 中，同时打开多个窗口时，（　　　）。
   A. 凡打开的窗口都是活动窗口
   B. 凡打开的窗口都在前台运行
   C. 被盖住部分内容的窗口就会停止运行相应的程序

D. 可以对这些创库进行层叠排列或平铺排列

7. 小张购买了一个正版软件，因此他获得了该软件的（   ）。

   A. 出售权　　　　　　B. 复制权　　　　　　C. 使用权　　　　　　D. 修改权

8. Windows 多窗口的排列方式不包括（   ）。

   A. 层叠　　　　　　　B. 阵列　　　　　　　C. 横向平铺　　　　　D. 纵向平铺

9. 显示器分辨率调小后（   ）。

   A. 屏幕上的文字变大　　　　　　　　　　B. 屏幕上的文字变小

   C. 屏幕清晰度提高　　　　　　　　　　　D. 屏幕清晰度不变

10. 计算机运行时，（   ）。

   A. 删除桌面上的应用程序图标将导致该应用程序被删除

   B. 删除状态栏上的 U 盘符号将导致 U 盘内的文件被删除

   C. 关闭屏幕显示器将终止计算机操作系统的运行

   D. 关闭应用程序的主窗口将导致该应用程序被关闭

11. 一般来说，误删本地磁盘中某个文件后，还可以用以下（   ）方法来补救。

   A. 从回收站中找到该文件，执行恢复操作

   B. 执行撤销操作，作废刚才的删除操作

   C. 执行回滚操作，恢复原来的文件

   D. 重新启动计算机，恢复原来的文件

12. 磁盘碎片整理的作用是（   ）。

   A. 将磁盘空闲碎片连成大的连续区域，提高系统效率

   B. 扫描检查磁盘，修复文件系统的错误，恢复坏扇区

   C. 清除大量没有用的临时文件和程序，释放磁盘空间

   D. 重新划分磁盘分区，形成 C、D、E、F 等逻辑磁盘

13. 以下维护操作系统的做法中，（   ）是不恰当的。

   A. 及时下载系统更新，并安装系统补丁

   B. 必要时运行维护任务，生成维护报告

   C. 必要时检测系统性能，调整系统设置

   D. 每天做一次磁盘碎片整理，提高速度

14. 计算机运行一段时间后性能一般会有所下降，为此需要用优化工具对系统进行优化。系统优化的工作不包括（   ）。

   A. 清理垃圾　　　B. 释放缓存　　　C. 查杀病毒　　　D. 升级硬件

15. 以下是操作系统的是（   ）。

   A. Windows XP　　B. Microsoft Office　　C. 查杀病毒软件　　D. IE

16. Windows 是（   ）公司研发的。

   A. 腾讯公司　　　B. 亚马逊公司　　　C. 微软公司　　　D. IBM 公司

17. "裸机"是指没有（   ）的计算机。

   A. 系统软件　　　B. 应用软件　　　C. 机箱　　　D. 包装纸箱

18. 一个完整的文件名是由（   ）部分组成。

   A. 1　　　　　　B. 2　　　　　　C. 3　　　　　　D. 4

19. 通常我们会在一个计算机上安装（　　）个系统软件和（　　）应用软件。

    A. 1个　　　　　　　　B. 2个　　　　　　　　C. 3个　　　　　　　　D. 多个

20. 在 Windows7 中，可在文件名中出现的字符为（　　）。

    A. |　　　　　　　　　B. \　　　　　　　　　C. @　　　　　　　　　D. ?

二、问答题

1. 操作系统的功能与作用是什么？

2. 什么叫应用软件？

3. 正版软件和盗版软件的区别？

4. 举例说明生活中常见的几种操作系统。

第4章
Word 文字处理

现代办公中最常见的文字处理、表格处理、演示文稿的制作等应用，都离不开办公软件的支持。Microsoft Office 是微软公司开发的一套基于 Windows 操作系统的办公软件套件，它包括了文字处理软件 Word、电子表格处理软件 Excel、演示文稿制作软件 PowerPoint、数据库 Access 和绘图软件 Visio 等众多组件。

Microsoft Office 是商业软件，公司和个人使用均需要付费。该软件体积庞大、功能很强，从97 版到 2003 版的用户界面都类似。从 2007 版开始的后续版本，采用了一个全新的用户界面，相比之前的版本变化较大，对于已经适应了 2003 版的用户来说，可能还需要时间去适应。

文字处理软件一般用于文字的格式化和排版，文字处理软件的发展和文字处理的电子化是信息社会发展的标志之一。Microsoft Office Word 作为 Microsoft Office 套件的核心程序，提供了许多易于使用的文档创建工具，同时也提供了丰富的功能集，可创建复杂的文档。Word 凭借其友好的界面、方便的操作、完善的功能和易学易用等诸多优点已成为众多用户进行文档创建的主流软件。它将一系列功能完善的写作工具与易用的用户界面融合在一起，帮助用户创建和共享具有专业视觉效果的文档，是目前办公领域应用最广泛的文字处理与编辑软件。

本章以 Microsoft Office Word 2010 为例，主要包括：文字处理基本概念、文档编辑排版和审阅、Word 表格制作、对象插入及图文混排和文字处理综合应用等内容。通过本章的学习，应掌握以下内容：创建并编辑文档，美化文档外观，长文档的编辑与管理，文档的修订与共享，以及使用邮件合并技术批量处理文档。

4.1 文字处理的基本概念

4.1.1 文字处理过程

文字处理过程可以从用户使用和系统实现两个不同的角度研究和分析。

站在用户应用角度关心的是逻辑层方面的问题，即文字处理有哪些操作命令和功能，如何利用这些操作命令和功能进行文档创建、文档输入、文档编辑和文档输出。例如，文档输入包括输入文字、创建表格、插入外部对象等操作；文档编辑包括内容修饰（如字符、段落修饰等）、版面整体设置（如页面设置、文章排版、绘制图形、创建艺术字、图文混排等）等操作；文档输出包括打印预览与打印输出。

站在系统实现角度考虑的是物理层方面的问题。例如，键盘只能输入字符，那么采用什么方式将汉字录入计算机中？汉字在计算机中究竟如何存储、显示与打印呢？

1. 计算机文字处理的基本过程

计算机文字处理的基本过程包括文字输入、文字加工和文字输出，如图 4-1 所示。由于西文是拼音文字，基本符号比较少，编码比较容易，而且在一个计算机系统中，输入、内部处理、存储和输出都可以使用同一代码，因此键盘可以直接输入英文或数字字符。计算机直接根据输入的英文或数字字符，通过译码电路产生 ASCII 码，输入计算机内存中。

汉字种类繁多，编码比拼音文字困难，而且在一个汉字处理系统中，汉字输入、内部处理、存储和输出的代码是不同的。汉字信息处理系统在处理汉字和词语时，其关键的问题是要进行一系列的汉字代码转换，从图 4-1 中也不难看出，必须将字符或汉字输入码转换为机内码，机内码转换为显示字形码或打印字形码，系统才能将汉字显示或打印出来。

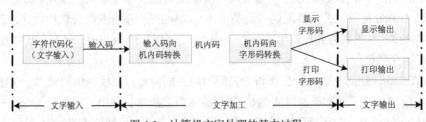

图 4-1　计算机文字处理的基本过程

2. 输入码、机内码和字形码

汉字处理包括汉字的输入、汉字的存储和汉字的输出环节。其中，汉字的输入采用输入码，汉字的存储采用机内码，汉字的输出采用字形码。计算机处理汉字首先必须将汉字代码化（即对汉字进行编码），这样用户可以从键盘上输入代表某个汉字的编码。采用不同的编码系统进行汉字输入的方案称为汉字的输入法，如区位码、五笔字型码、拼音码、智能 ABC、微软拼音等输入法。

（1）输入码

中文的字数繁多、字形复杂、字音多变，常用汉字就有 7000 个左右。在计算机系统中使用汉字，首先遇到的问题就是如何把汉字输入计算机内。为了能直接使用西文标准键盘进行输入，必须为汉字设计相应的编码方法。汉字编码方法主要分为三类：数字编码、拼音编码和字形编码。

数字编码：将汉字按一定顺序逐一赋予数字编号，即用数字串代表一个汉字的输入，常用的是国标区位码。特点：无重码，难记忆，不适合普通用户。

拼音编码：采用拼音规则编码，如全拼、双拼等。特点：重码多，遇到不会读音或读音不准的汉字，输入困难。

字形编码：采用汉字字形方面的特征（如整字、字根、笔画、码元等），按一定规则编码，如五笔字型码等。特点：需记忆规则，速度快，适于专业录入人员。

（2）机内码

汉字内部码（简称机内码）是汉字在设备或信息处理系统内部最基本的表达形式，是在设备和信息处理系统内部存储、处理、传输汉字用的代码。西文在计算机中，没有交换码和机内码之分，但汉字数量多，用一个字节是无法区分的。因此，国家标准《信息交换用汉字编码字符集》（GB2312—1980）中规定，一个汉字用两个字节表示，每个字节只有 7 位，与 ASCII 码相似。汉字机内码采用国标码作为基础，且每个字节最高位置 1。由于两个字节各用 7 位，因此可表示 16384个可区别的机内码。例如汉字"大"，国标码（交换码）为 3473H，将两个字节的高位置 1，得到的机内码为 B4F3H。

（3）字形码

汉字字形码是表示汉字字形的字模数据，通常用点阵、矢量函数等方式表示。用点阵表示字形时，汉字字形码指的就是这个汉字字形点阵的代码。字形码也称为字模码，是用点阵表示的汉字字形码。它是汉字的输出方式，根据输出汉字的要求不同，点阵的多少也不同。简易型汉字为 16×16 点阵，高精度型汉字为 24×24 点阵、32×32 点阵、48×48 点阵等。

字模点阵的信息量是很大的，所占存储空间也很大，平时存放在外存的汉字库中。例如，一个 16×16 点阵的汉字就需要占用 32 个字节（一个 $N×N$ 点阵的汉字所占字节的计算公式为 $N×N/8$）。字库中存储了每个汉字的点阵代码，当显示输出时才检索字库，输出字模点阵得到字形。点阵规模越大，字型越清晰美观，所占存储空间也越大。

矢量表示方式存储的是描述汉字字型的轮廓特征。当要输出汉字时，通过计算机的计算，由汉字字型描述生成所需大小和形状的汉字点阵。矢量化字型描述与最终文字显示的大小，分辨率无关，因此可以产生高质量的汉字输出。Windows 中使用的 TrueType 技术就是汉字的矢量表示方式。

3. 各种代码之间的关系

对于文档输入、编辑与输出，站在汉字代码转换的角度，通常可以把汉字信息处理系统抽象为一个结构模型，如图 4-2 所示。注意：存储在计算机内部的机内码也必须经过转换后才能恢复汉字的"本来面目"。这种转换通常是由计算机的输入/输出设备来实现的，有时还需要软件来参与这种转换过程。这个阶段的汉字代码称为字形码，用以显示和打印输入。

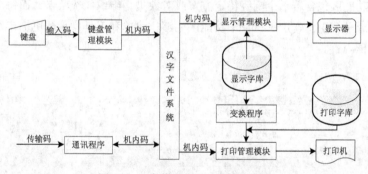

图 4-2　汉字信息处理系统结构模型

例如，用户要在某文档中输入汉字"国"。请根据图 4-2 说明该汉字的显示过程中各种代码间的转换关系，文档打印时汉字各种代码间的转换关系。

（1）汉字的显示。首先通过键盘管理程序把从键盘接收到的汉字"国"的输入编码转换为 0 和 1 构成的机内码；然后在汉字文件系统的管理下，显示管理模块根据"国"的机内码从显示字库中查到"国"字模，并控制显示器显示。

（2）文档打印。在汉字文件系统的管理下，将待打印文档中的汉字输入给打印管理模块，打印管理模块根据要打印汉字的机内码从打印字库中查到待打印汉字的打印字模，并控制打印机打印；或者根据要打印汉字的机内码从显示字库中查到汉字的显示字模，通过变换程序将显示字模转换成打印字模，再控制打印机打印。

4.1.2　认识 Word 2010

同其他基于 Windows 的程序一样，Word 2010 的启动与退出方法很多，完成 Office 2010 的安装后，就可以进行常规操作了。

1. 启动 Word 2010

Word 2010 常用的启动方式如下。

（1）从"开始"菜单启动：单击"开始"按钮→"所有程序"→"Microsoft Office"→"Microsoft Office Word 2010"。

（2）通过桌面快捷方式启动：双击桌面上的 Word 2010 快捷方式图标。

（3）通过现有的文档启动：双击现有的 Word 文档启动 Word 2010。

2. 退出 Word 2010

Word 2010 的常用退出方式如下。

（1）使用"关闭"按钮：单击 Word 2010 窗口标题栏右上角的 ✕ 按钮。

（2）使用右键快捷菜单：在打开的文档的标题栏任意位置单击右键，在弹出的快捷菜单上选择"关闭"命令。

（3）使用 W 按钮：双击 Word 2010 窗口左上角的 W 按钮；或单击 W 按钮→"关闭"。

（4）使用组合键：按 Alt + F4 组合键。

（5）使用"退出"命令：单击"文件"选项卡→"退出"。

3. Word 2010 工作界面

Word 2010 的窗口如图 4-3 所示。与其他早期版本的界面和功能有很大的变化，最大的变化就是功能区（功能区是 Office Fluent 用户界面的一个组件），它取代了大部分旧的菜单和工具栏。为了便于浏览，功能区包含若干个围绕特定方案或对象进行组织的选项卡，而每个选项卡上的控件又进一步组织成多个组。Office Fluent 功能区能够比菜单和工具栏承载更加丰富的内容，包括按钮、库和对话框内容。

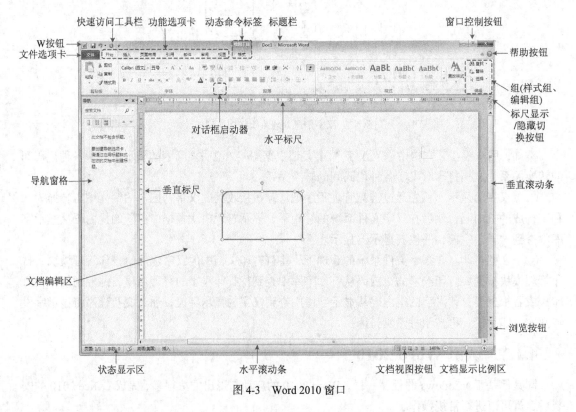

图 4-3　Word 2010 窗口

（1）文件选项卡

文件选项卡位于窗口左上角，单击 文件 选项卡可以打开菜单，如图 4-4（a）所示。选择其中相应的命令可以执行对应的操作，默认情况下该菜单右侧显示正在编辑的文档信息。

（2）快速访问工具栏

默认情况下，快速访问工具栏位于 Word 窗口的顶部，使用它可以快速访问用户频繁使用的工具。用户可以按照自己的工作习惯对其进行自定义。自定义快速访问工具栏有如下两种常用方法。

① 单击快速访问工具栏侧面的扩展按钮 ，在下拉菜单中选择并添加其他的工具按钮。

② 单击 文件 按钮菜单中的"选项"按钮 选项，系统显示 Word 选项对话框；单击快速访问工具栏按钮 快速访问工具栏 ，根据自己的需求向快速访问工具栏添加工具按钮，如图 4-4（b）所示。

（a）文件菜单　　　　　　　　　　　　　（b）"选项"对话框

图 4-4　文件菜单应用

（3）功能选项卡、组、命令

功能选项卡（下文简称选项卡）和各选项卡上的功能组（下文简称组）共同构成了功能区，旨在帮助用户快速找到完成某一任务所需的命令。命令被组织在逻辑组中，逻辑组集中在选项卡下。每个选项卡都与一种类型的活动（例如为页面编写内容或设计布局）相关。功能区能够承载比菜单和工具栏更加丰富的内容，如按钮、库和对话框。从而取代了 Word 2010 之前版本中的菜单和工具栏。

默认情况下，Word 2010 窗口中有开始、插入、页面布局、引用、邮件、审阅和视图 7 个选项卡。每个选项卡又包含若干个组，单击每个组中的若干相关命令按钮即可进行相应的操作。另外，单击某些组的右下角"功能拓展"对话框启动器 （即下拉箭头形状），也可在打开的对话框或任务窗格中设置相应的操作。组不但可以自动适应窗口的大小，还能根据操作使用频率和当前的操作对象调整在组中显示的工具按钮。

为了减少混乱，某些选项卡只在需要时系统才自动添加，即动态命令标签，只有激活特定的对象时，对应的选项卡才会被激活。例如，用户在文档中插入表格或图片时，系统会自动在功能区添加"表格工具"或"图片工具"选项卡。

（4）标题栏

标题栏位于 Word 2010 窗口的最顶端，由 W 按钮、快速访问工具栏、标题及窗口控制按钮共同组成。标题显示此刻正在编辑的 Word 文档的名称，对于新建的 Word 文档在还没有保存时，则显示默认的文件名为"文档 1"（或"文档 2""文档 3"……）及程序名。窗口控制按钮依次如下。

- 最小化 −：使窗口最小化成一个小按钮显示在任务栏上。
- 最大化 □/还原 □：两个按钮不会同时出现。当窗口不是最大化时，可以看到 □，单击它可以使窗口最大化，占满整个屏幕；当窗口是最大化时，可以看到 □，单击它可以使窗口恢复到原来的大小。
- 关闭按钮 ✕：单击它可以退出整个 Word 2010 应用程序。

（5）滚动条

滚动条分垂直滚动条和水平滚动条两种。用鼠标拖动滚动条可以快速定位文档在窗口中的位置。除两个滚动条外，还有上翻、下翻、上翻一页、下翻一页、左移和右移等 6 个按键，通过它们可以移动文档在窗口中的位置。垂直滚动条右下方还有"选择浏览对象"按钮，单击该按钮可以弹出如图 4-5（a）所示的菜单，通过单击其中的图标选择不同的浏览方式。

第 1 行   定位、查找、按编辑位置浏览、按标题浏览、按图形浏览、按表格浏览

第 2 行   按域浏览、按尾注浏览、按脚注浏览、按批注浏览、按节浏览、按页浏览

（a）"选择浏览对象"按钮

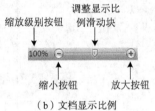

（b）文档显示比例

图 4-5　文档显示比例及选择浏览对象

（6）状态栏

状态栏位于 Word 2010 窗口的最底端，由状态显示区、视图按钮和文档显示比例组成。主要帮助用户获取光标位置信息，如页数和总页数、文档字数、视图方式和文档显示比例等。

① 文档视图按钮：用于设置文档的显示方式。Word 2010 的文档视图方式有如下几种。

- 页面视图：该视图是 Word 2010 的默认视图方式，其按照文档的打印效果显示文档，具有"所见即所得"的效果。
- 阅读版式视图：该视图是模拟书本阅读方式，以图书的分栏样式显示文档内容，并且隐藏了文档不必要的功能区，扩大显示区，还可以同时进行文本输入、编辑、修订、批注等相关操作，十分方便阅读与审阅。
- Web 版式视图：该视图是以网页的形式显示文档，适合于发送电子邮件、创建和编辑 Web 页面。可将文档显示为不带分页符的长文档，且其中的文本和表格等会随着窗口的绽放而自动换行。
- 大纲视图：该视图是一种用缩进文档标题的形式表示标题在文档结构中级别的视图方式，简化了文本格式，可以很方便地实现页面跳转和折叠与展开各级层次的文档，广泛应用于长文档的快速浏览和设置。
- 草稿：该视图取消了页面边距、分栏、页眉页脚和图片等元素，仅显示标题和正文，是最节省计算机系统硬件资源的视图方式。

切换文档视图的方式有以下两种。

● 单击状态栏中的"视图"快捷方式按钮 <img>，可切换到对应的视图模式。

● 单击"视图"选项卡，在"文档视图"组中，单击相应的视图按钮也可切换至相应的视图模式。

② 文档显示比例：用于设置文档的显示比例。可以拖动显示比例上的滑块，或者单击放大按钮 <img> 和缩小按钮 <img> 来调整文档的显示比例，如图 4-5（b）所示。也可以单击缩放级别按钮 100% 打开"显示比例"对话框，对文档的显示比例做更进一步的调整。

（7）标尺

标尺分为水平标尺和垂直标尺，用于调整文档页面的左右或上下边距，对齐文档中的文本、图形、表格和其他元素。标尺的显示/隐藏有两种切换方式，操作方式如下。

● 单击"视图"选项卡→"显示"组→勾选"标尺"复选框可显示。

● 单击垂直滚动条上方的标尺按钮 <img> 可显示/隐藏。

标尺是否显示与文档的视图模式有关，会随视图模式的不同呈显示或隐藏状态。页面视图显示水平标尺和垂直标尺，草稿和 Web 版式视图只显示水平标尺，阅读版式和大纲视图将不显示水平标尺和垂直标尺。

（8）文档编辑区

文档编辑区是 Word 中最大也是最重要的部分，是用户输入文档的工作区域，所有关于文档的操作都在该区域中进行，文档编辑区闪烁的光标是文本插入点，用于定位文本的输入位置，可以在该区域中输入文字，插入表格、图片、对象，绘制图形或者进行其他操作。

（9）导航窗格

导航窗格位于文档编辑区左侧，可以显示文档结构和缩略图，默认为隐藏状态，单击"视图"选项卡→"显示"组→勾选"导航窗格"复选框可显示。它能更便捷地进行浏览、搜索甚至从一个易用的窗格重新组织文档内容。

（10）帮助

我们可通过功能区右上角的帮助按钮 <img> 获取帮助；也可按键盘上的 F1 键快速获取帮助；还可单击"文件"按钮→"帮助"按钮，获取更加详尽的帮助。

4.1.3　文档的基本操作

1．新建文档

（1）新建空白文档

用户第一次启动 Word 2010 时，系统自动创建一个名为"文档 1"的空白文档。若要继续创建新的空白文档，只需单击"文件"按钮，执行"新建"命令，在弹出的新建文档对话框中选择空白文档选项，如图 4-6 所示，即可创建一个名为"文档 2"的空白文档，以此类推。

在新建文档对话框中包含了模板列表、模板选项和预览框三个部分。用户可以在模板列表中选择要使用的模板类，模板选项列表中将显示此类模板包含的所有可用模板。一旦选定某一模板，即可在预览框中预览。

（2）用组合键新建空白文档

在 Word 程序启动的前提下，按组合键 Ctrl+N，也可新建一个空白文档。

（3）利用模板创建文档

模板是一种特殊的文档类型，在打开模板时会创建模板本身的副本。在 Word 2010 中，模板可以是.dotx 文件，或者是.dotm 文件（.dotm 文件类型允许在文件中启用宏）。

图 4-6　新建文档对话框

　　单击"文件"按钮执行"新建"命令，在弹出的新建文档对话框中选择已安装的模板选项，在对话框中根据需要选择某种模板，单击创建按钮 <u>创建</u> ，即创建一个只具有一定修饰格式和少量提示性文字的新文档。

2. 打开文档

　　在编辑一个文档之前，必须先打开文档，Word 2010 提供了多种打开文档的方式，常用的有以下几种操作。

　　（1）单击"快速访问工具栏"中的"打开"按钮图标。

　　（2）在 Word 程序启动的前提下，按组合键 Ctrl+O。

　　（3）单击"文件"按钮→"打开"命令，弹出"打开"对话框，在其中选择需要打开的文件，单击"打开"按钮即可。

　　（4）在"打开"对话框中，单击"打开"按钮右侧的小三角按钮，在弹出的快捷菜单中可选择多种方式打开文档，如以只读方式打开或以副本方式打开等。

　　（5）若要同时打开多个连续的文档，可以先选定第一个文档，然后按住 Shift 键，再单击要打开的最后一个文档；若要同时打开多个不连续的文档，可以先选定第一个文档，然后按住 Ctrl 键，并逐个单击要打开的文档，最后单击"打开"按钮即可。

3. 保存文档

　　Word 2010 默认的文件格式扩展名为 docx，常用的保存方式有以下几种。

　　（1）保存新建文档

　　当创建了一个新文档后，Word 2010 会自动给文档取一个名字（例如"Doc1.docx" "Doc2.docx"……），第一次保存文档时，按以下步骤进行操作。

　　● 在文件菜单中单击"保存"按钮，或者单击"快速访问"工具栏上的"保存"按钮，打开"另存为"对话框。

　　● 若要在已有的文件夹中保存文档，应在"保存位置"下拉列表框中选择磁盘，然后双击文件夹列表中所需要的文件夹；若要在新文件夹中保存文档，应该单击"新建文件夹"按钮，先建立一个文件夹。如果不更改保存位置，Word 将自动保存在默认位置。

　　● 在"文件名"下拉列表框中，输入文件的名称，单击"保存"按钮。

（2）保存已有文档

单击"快速访问工具栏"中的"保存"按钮图标，或者单击"文件"按钮→"保存"命令，则当前编辑的内容覆盖原文档进行保存。

（3）用新文件名或其他格式保存文档

单击"文件"按钮→"另存为"命令，在打开的"另存为"对话框中，设置保存位置、文件名及保存类型。

（4）自动保存文档

在默认情况下，Word 可以自动保存文件：即每隔 10 分钟保存一次。通常可以根据需要设置是否启用自动保存功能及自动保存的间隔时间，操作步骤如下。

● 单击文件菜单中的"选项"按钮，在 Word 选项对话框中单击"保存"按钮，在右侧弹出的保存选项框中进行设置。

● 选中"保存自动恢复信息时间间隔"复选框（若取消，则会关闭系统的自动保存功能），并在右边的时间间隔框中输入或通过微调按钮选择自动保存文档的时间间隔。

● 单击"确定"按钮。这样，每隔一个固定的时间间隔，Word 将自动保存编辑的文档。

4. 关闭文档

Word 2010 允许同时打开多个 Word 文档进行编辑操作，因此关闭文档不等于退出 Word 2010，只是关闭当前文档。单击"文件"按钮→"关闭"命令，或使用 Alt+F4 组合键均可。

在关闭文档时，如果没有对文档进行编辑、修改，则可直接关闭；如果对文档进行了修改，但还没有保存，系统将会打开一个"提示"对话框，询问是否保存对文档所做的修改，单击"保存"按钮，即可保存并关闭该文档。

5. 打印预览与打印

打印预览的目的是减少纸张浪费。因此，文档在打印以前，通常应该预览一下打印的效果，以便对不满意的地方随时进行修改。打印预览有两种方法。

（1）单击"文件"按钮，单击"打印"按钮，在右侧即可显示打印参数设置选项和打印预览。

（2）使用 Ctrl+F2 组合键进行打印预览。在预览没有问题之后就可以打印文档了。

打印文档的操作方法：单击文件菜单中的"打印"命令按钮，在打印对话框中设置打印的参数，如图 4-7 所示，单击"确定"按钮。

图 4-7　"打印"对话框

重点需要掌握选择打印机、设置打印范围、设置打印页数/份数、设置单面/手动双面打印、设置逐份打印、设置纸张大小/方向和边距、设置每版打印的页数、设置页面是否缩放等。

6. 文档保护

为了保证 Word 文档的安全，Word 2010 提供了加密和设置打开文档、修改权限、添加数字签名等安全和文档保护功能。

（1）加密和设置打开文档密码

用户对自己的文档进行加密以保护文档，打开或修改文档时都需要输入正确的密码。设置/更改密码操作步骤如下。

步骤 1：单击"文件"按钮，系统默认指向"信息"，单击图 4-8（a）所示的"用密码进行加密"按钮，弹出图 4-8（b）所示的"加密文档"对话框。

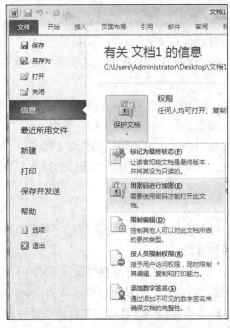

（a）"信息"栏中内容

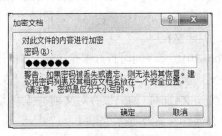

（b）"加密文档"对话框

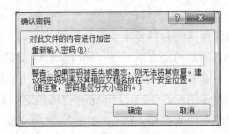

（c）"确认密码"对话框

图 4-8　设置/更改密码

步骤 2：在"密码"框中输入新密码/更改密码（显示为●号），单击"确定"按钮。如果要删除密码只需将显示的"●"密码删除，再单击"确定"按钮即可。

步骤 3：弹出图 4-8（c）所示的"确认密码"对话框，再次输入该密码，然后单击"确定"按钮。

　　对文档创建密码后，请将密码记录下来并保存在安全的地方。如果丢失密码，将无法打开或访问受密码保护的文档。

（2）创建自己的数字证书

数字签名是指宏或文档上电子的、基于加密的安全验证戳。此签名确认该宏或文档来自签发者且没有被篡改。这样有助于确保数字信息的真实性、完整性和不可否认性。其中：真实性是指经过数字签名之后确保签署人的身份与声明相符；完整性是指经过数字签名之后的数字信息未经更改或篡改；不可否认性是指经数字签名后有助于向所有方证明签署内容的有效性。

给文档添加数字签名是指使用数字证书对文档或宏方案（宏工程）进行数字签名。数字证书是指文件、宏工程或电子邮件的附件。用它来证明上述各项的真实性、提供安全的加密或提供可验证的签名。若要以数字形式签发宏工程，则必须安装数字证书。

宏方案是指组成宏的组件的集合，包括窗体、代码和类模块。在 Microsoft Visual Basic for Applications 中创建的宏工程可包含于加载宏以及大多数 Microsoft Office 程序中。

如果没有自己的数字证书，则必须获取或自己创建一个。创建自己的数字证书有如下三种方法。

方法 1：可从商业证书颁发机构（如 VeriSign，Inc.）获得数字证书；

方法 2：从内部安全管理员或信息技术（IT）专业人员处获得数字证书；

方法 3：使用 Selfcert.exe 工具自己创建数字签名。

注意　若要了解为 Microsoft 产品提供服务的证书颁发机构的详细信息，请参阅 Microsoft Security Advisor Web 站点。

（3）使用数字签名

使用数字签名签署 Office 文档有以下两种不同方法：第一，向文档中添加可见签名行，以获取一个或多个数字签名；第二，向文档中添加不可见的数字签名。Microsoft Office 2010 引入了在文档中插入签名行的功能，但只能向 Word 文档和 Excel 工作簿中插入签名行。

① 向文档中添加可见签名行。操作步骤如下。

步骤 1：将指针置于文档中要添加签名行的位置。

步骤 2：在"插入"选项卡上的"文本"组中，指向"签名行"旁边的箭头，然后单击"签名行"子菜单中的"Microsoft Office 签名行"，如图 4-9（a）、（b）所示。

步骤 3：在图 4-9（c）所示的"签名设置"对话框中，输入要在此签名行上进行签署的人员的相关信息，此信息直接显示在文档中签名行的下方。

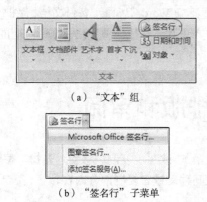

（a）"文本"组

（b）"签名行"子菜单

（c）"签名设置"对话框

图 4-9　添加可签名行

步骤 4：单击"确定"按钮。

步骤 5：要添加其他签名行，则请重复步骤 1 到步骤 4。

② 在文档中签署签名行。操作步骤如下。

步骤 1：在文档中，双击请求签名的签名行。

步骤 2：在"签名"对话框中，如图 4-10（a）所示，执行下列操作之一。

● 要添加签名的打印版本，请在"X"旁边的框中输入姓名。

- 要为手写签名选择图像，请单击"选择图像"。在"选择签名图像"对话框中，查找签名图像文件的位置，选择所需的文件，然后单击"选择"。
- 要添加手写签名（仅适合 TabletPC 用户），请使用墨迹功能在"X"旁边的框中签名。

步骤 3：单击"签名"，签署后如图 4-10（b）所示。

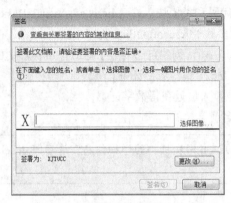

（a）"签名"对话框

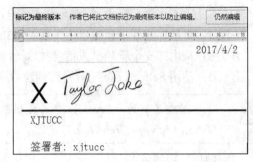

（b）签署后

图 4-10　在文档中签署签名行

③ 向文档中添加不可见的数字签名。

不可见的数字签名在文档内容本身中是不可见的，但文档接收人可以通过查看文档的数字签名或通过查找屏幕底部状态栏上的"签名"按钮来确定文档已进行数字签名。操作步骤如下。

步骤 1：单击"文件"按钮→"信息"→"保护文档"→"添加数字签名"命令按钮。

步骤 2：如果要说明签署文档的目的，请在"签名"对话框中"签署此文档的目的"下的框中输入此信息。

步骤 3：单击"签名"按钮，签署完成后，在"文件"→"信息"中显示为"已签名的文档"。

Word 2010 提供保护文档的其他方法如下：防止感染 Word 宏病毒、备份文档、保护个人信息、保护批注和修订等。当熟悉了前面介绍的文档保护方法后，其他保护方法根据所对应的菜单命令和对话框提示，进行相应的设置即可。

4.2　编辑、排版和审阅

文档编辑过程常用的是文本的输入、删除（撤销）、改写、复制、移动、查找、替换等操作，有时候可能要在两个文档之间甚至两个应用程序之间移动或者复制部分内容。

4.2.1　编辑文本

1. 输入文本

Word 的强大功能主要体现在文本处理上。在打开的 Word 文档中，输入文本之前，必须先将光标定位到要输入文本的位置，待文本插入点定好后，切换到相应输入法状态，即可在插入点处输入文本。

（1）插入点移动

在 Word 编辑窗口的文档页面上有一个不断闪烁的短竖线，称为插入点。插入点所在的位置就是待输入文本的位置。注意：在文档窗口内还有一个由鼠标控制的"I"字形光标，在输入文本内容时可移动此鼠标指针到适当位置后单击，插入点即可跳到相应位置处。此时就可以直接在文档中输入文字了。插入点的移动和定位方式如下。

- 插入点移动到所在行行首：直接按 Home 键。
- 插入点移动到所在行行尾：直接按 End 键。
- 插入点移动到文章首部：Ctrl+Home 组合键。
- 插入点移动到文章尾部：Ctrl+End 组合键。
- 插入点上移、下移一行：上、下方向键。

（2）插入/改写状态

在状态栏中，可以看到 Word 2010 默认的是"插入"状态，单击状态栏上的按钮可激活"改写"状态；按键盘的 Insert 键也可切换"插入"与"改写"状态。

- "插入"状态：在此状态下输入文本，插入点后面的文字会随着输入的内容自动后移。
- "改写"状态：在此状态下输入的新文本会替代光标插入点右侧的文本。

（3）输入中、英文

由于 Windows 7 默认的键盘输入状态为英文，因此输入英文字符时，可在文档的插入点处可直接敲击键盘输入英文（按 Shift+字母键或按一下 Caps Lock 键可输入大写的英文字母）。输入中文汉字时，首先需要选择某种汉字输入法状态。多种输入法之间按 Ctrl + Shift 组合键进行切换，也可单击任务栏右边的"输入状态"按钮（也称为"语言/键盘指示器"）来选择键盘输入状态；中英文输入法互换按 Ctrl + Space 组合键即可。

（4）插入特殊符号

在 Word 文档输入过程中，常常会遇到一些键盘无法输入的特殊符号。这时除了可使用输入法的软键盘输入外，还可使用 Word 2010 提供的插入符号与特殊符号的功能，输入这些符号有如下两种方法。

① 使用 Word "插入"选项卡中的"符号"组输入：将插入点移到要插入符号的位置；单击"插入"→"符号"下拉按钮，显示"符号"下拉菜单，如图 4-11（a）所示。单击"其他符号"命令，打开"符号"对话框，如图 4-11（b）所示。在"子集"框中选择需要的符号子集，如图 4-11（b）中选择的是"箭头"子集；选择所需的符号，单击"插入"按钮，最后单击对话框中的"关闭"按钮。

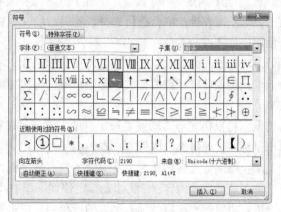

（a）"符号"下拉菜单　　　　　　　　　　（b）"符号"对话框

图 4-11　插入符号

② 利用软键盘输入：单击汉字输入法状态条上的软键盘按钮▦，系统打开软键盘，此时可利用软键盘输入。

注意　在 Windows 7 中软键盘有多种类型，为了方便操作可以根据自己的不同需求设置软键盘的类型。设置方法为：在输入法（如微软拼音 ABC）状态条上单击功能菜单按钮▤，系统弹出软键盘功能菜单，如图 4-12 所示，选择执行软键盘命令，系统显示软键盘菜单，勾选所需的软件盘，系统打开软键盘，此时可利用刚才选择的软键盘输入。

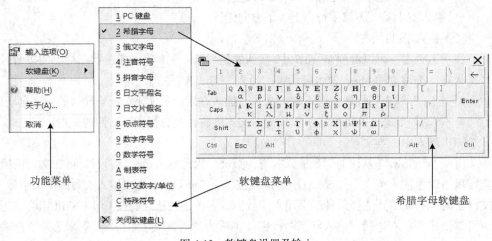

图 4-12　软键盘设置及输入

③ 利用鼠标右键快捷菜单输入：单击鼠标右键，弹出快捷菜单，选择"插入符号"命令也可打开"符号"对话框选择所需的符号。

（5）输入日期和时间

输入日期和时间：单击"插入"选项卡的"文本"组的"日期和时间"按钮，打开"日期和时间"对话框，即可输入不同形式的日期和（或）时间。

输入当前日期：按组合键 Alt+Shift+D。

输入当前时间：按组合键 Alt+Shift+T。

2. 选择文本

"先选定，后操作"是 Word 重要的工作方式。选择文本既可以使用鼠标，也可以使用键盘，还可以使用鼠标左键和键盘结合进行选择，选择后的文本将呈蓝底高亮度显示。

（1）使用鼠标选取文本

鼠标可以轻松地改变插入点的位置，使用鼠标选取文本十分方便。

拖动选取：将鼠标指针定位在文本起始位置，再按住鼠标左键不放，向目标位置移动鼠标光标选取文本。

单击选取：将鼠标光标移动到要选定行的左选定栏（即左侧空白处），当鼠标光标变成◁ 形状时，单击鼠标左键即可选取该行的文本内容。

双击选取：将鼠标光标移动到文本编辑区的左选定栏，当鼠标光标变成◁ 形状时，双击鼠标左键即可选取该段的文本内容；将鼠标光标定位到词组中间的左侧，双击鼠标即可选取该字或词。

三击选取：将鼠标光标定位到要选取的段落中，三击鼠标左键可选中该段的所有文本内容；将鼠标光标移到文本编辑区的左选定栏，当鼠标光标变成◁ 形状时，三击鼠标左键即可选取文档中所有内容。

（2）使用键盘选取文本

使用键盘上相应的组合键，同样可以选取文本。选取文本内容的组合键所代表的功能如表 4-1 所示。

表 4-1　　　　　　　　　　　　　　　选取文本的组合键及功能

组　合　键	功　　能
Shift+→	选取光标右侧的一个字符
Shift+←	选取光标左侧的一个字符
Shift+↑	选取光标位置至上一行相同位置之间的文本
Shift+↓	选取光标位置至下一行相同位置之间的文本
Shift+Home	选取光标位置至行首
Shift+End	选取光标位置至行尾
Shift+PageDown	选取光标位置至下一屏之间的文本
Shift+PageUp	选取光标位置至上一屏之间的文本
Ctrl+Shift+Home	选取光标位置至文档开始之间的文本
Ctrl+Shift+End	选取光标位置至文档结尾之间的文本
Ctrl+A	选取整篇文档

（3）鼠标键盘结合选取文本

使用鼠标和键盘结合的方式不仅可以选取连续的文本，也可以选择不连续的文本。

选取连续的较长文本：将插入点定位到要选取区域的开始位置，按住 Shift 键不放，再移动鼠标光标至要选取区域的结尾处，单击鼠标左键，并释放 Shift 键即可选取该区域之间的所有文本内容。

选取不连续的文本：选取任意一段文本，按住 Ctrl 键，再拖动鼠标选取其他文本，即可同时选取多段不连续的文本。

选取整篇文档：按住 Ctrl 键不放，将鼠标光标移动文本编辑区左侧空白处，当鼠标光标变成 ⁄ 形状时，单击鼠标左键即可选取整篇文档。

选取矩形块（垂直文本）：将插入点定位到开始位置，按住 Alt 键不放，再拖动鼠标即可选取矩形文本。

（4）撤销对文本的选定

要撤销选定的文本，用鼠标单击文档中的任意位置即可。

3. 文本的移动、复制和删除

通过复制与移动文本操作，可以提高文本编辑速度。文本的移动、复制是要通过剪贴板进行的。由于剪贴板是由 Windows 管理的一块公共内存区域，所以剪贴板中的数据可以与其他软件共享。用户通过剪贴板进行移动、复制或删除，既可以在同一个文档中进行操作，也适合于在不同的文档甚至不同的应用程序之间进行操作。

（1）剪贴板

Office 剪贴板组包括"剪切""复制""粘贴"和"格式刷"命令按钮，如图 4-13（a）所示。在"粘贴"命令按钮下方有一个"▼"符号，单击它可以使用"选择性粘贴"命令或"粘贴为超链接"命令。

Office 剪贴板最多允许放置连续 24 次剪切或复制的内容。在"开始"选项卡的"剪贴板"组中，单击"剪贴板"右侧的对话框启动器，可在任务窗口打开如图 4-13（b）所示的剪贴板任务窗格。该窗格显示了剪切或复制的项目，用户可根据需要对其中的内容有选择性地进行粘贴。

Office 剪贴板的显示方式是可以进行设置的，操作方法是：单击"剪贴板"任务窗格"选项"按钮，在"剪贴板"显示方式设置菜单"选项"中勾选所需的选项，如图 4-13（c）所示。

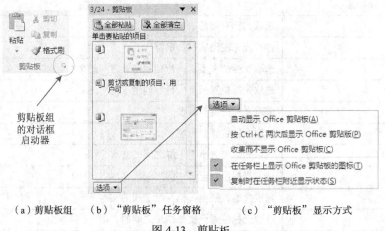

（a）剪贴板组　　（b）"剪贴板"任务窗格　　　　（c）"剪贴板"显示方式

图 4-13　剪贴板

（2）移动文本
- 使用鼠标拖动：选定要移动的文本，直接用鼠标拖到目标位置。
- 使用命令按钮：选定要移动的文本→单击"剪切"按钮→插入点移动到目标→单击"粘贴"按钮。
- 使用组合键：选定要移动的文本→按 Ctrl+X 组合键→插入点移动到目标位置→按 Ctrl+V 组合键。

（3）复制文本
- 使用鼠标拖动：选定要复制的文本，按住 Ctrl 键拖动选中的文本到目标位置。
- 使用命令按钮：选定要复制的文本→单击"复制"按钮插入点移动到目标位置→单击"粘贴"按钮。
- 使用组合键：选定要复制的文本→按 Ctrl+C 组合键→插入点移动到目标位置→按 Ctrl+V 组合键。

（4）删除文本
- 选择要删除的文本，在"开始"选项卡的"剪贴板"组中，单击"剪切"按钮即可。
- 选择要删除的文本，按 Back Space 键或者 Delete 键均可。
- 按 Back Space 键删除光标前的字符。
- 按 Delete 键删除光标后的字符。

4. 查找、替换与定位

Word 2010 提供了查找和替换功能，使用该功能可以非常轻松、快捷地完成文本的查找和替换（包括高级查找、高级替换）操作。

（1）查找

用户要在文档中的查找某个特定的文本。选择"开始"选项卡中的"编辑"组→"查找"命令（或按 Ctrl+F 组合键），在"查找与替换"对话框中的"查找"选项卡中输入要查找的文字，如图 4-14 所示，若找到相关内容会在文档中用黄色高亮度显示。

如果对查找的文字还有特殊要求，可以单击该对话框左下角的 更多(M) >> 按钮对查找和替换的文字对象按要求设置格式，或进行相关"高级查找"操作。

图 4-14　"查找和替换"对话框中的"查找"选项卡

（2）替换

用户要在文档中把某特定文字用其他文字替换时可使用替换功能。选择"开始"选项卡中的"编辑"组→"替换"命令，或按 Ctrl+H 组合键均可打开"查找与替换"对话框中的"替换"选项卡，并在其中输入要查找的文字内容和"替换为"的文字，如图 4-15 所示，然后单击"替换"按钮或者"全部替换"按钮进行替换。

另外，单击该对话框左下角的 更多(M) >> 按钮可进行相关"高级替换"操作。

图 4-15　"查找和替换"对话框中的"替换"选项卡

（3）定位

用户要在文档中快速寻找目标的位置进行快速定位，可以用"编辑"组中→"查找"或"替换"命令打开"查找与替换"对话框→选择"定位"选项卡，如图 4-16 所示。此时用户可以通过设定对需要寻找目标的位置进行快速定位，可以定位的目标包括页号、节号、行号、书签、批注、脚注、尾注、域、表格、图形、公式、对象、标题，共 13 种。

图 4-16　"查找和替换"对话框中的"定位"选项卡

5. 撤销、恢复与重复

在进行文档操作时，经常会用到撤销与恢复功能。所谓撤销，是指取消执行的一项或多项操作。恢复是针对撤销而言的，在进行撤销操作以后，可以通过恢复操作恢复到以前的状态。重复按钮在复制粘贴操作之后才能置亮，它和恢复按钮在同一位置，因此不会同时出现。

（1）撤销：单击"快速访问工具栏"中的"撤销"按钮 ↩，即可撤销上一次的操作；也可按Ctrl+Z 组合键实现此功能。

（2）恢复：单击"快速访问工具栏"中的"恢复"按钮 ↪，即可恢复最近一次的撤销操作；也可按 Ctrl+Y 组合键实现此功能。

（3）重复：在复制粘贴操作之后，单击"快速访问工具栏"中的"重复"按钮 ↻，即可在插入点位置再次粘贴刚才复制的内容；也可在该按钮置亮的前提下按 Ctrl+Y 组合键实现此功能。

6. 拼写和语法检查

默认情况下，Word 在用户输入文字的同时会自动进行拼写检查，并用红色波浪线表示可能出现的拼写问题，绿色波浪线表示可能出现的语法问题。它使用波浪形细下划线标记提醒用户此处可能有拼写或语法错误。

（1）使用"拼写和语法"检查功能

如果用户在输入文档的过程中出现拼写和语法检查的波浪型细下划线标记时，鼠标右键单击该内容，即可在弹出的快捷菜单中选择"语法"，再在弹出的"拼写和语法"对话框中选择要使用的修改建议。

对整篇文档进行彻底检查的方法：选择"审阅"选项卡→单击"校对"组的"拼写和语法"按钮，系统显示"拼写和语法"对话框，用户根据提示的信息逐一进行处理，直至整篇文档的检查工作完毕。

需要说明的是，这里的波浪线不是文档的真正内容，打印时不会被打印出来。

（2）设置"拼写和语法"检查方式

拼写和语法错误的提示信息可能会使用户不能专心于对文档的编辑工作，或者用户对如何使用 Office 帮助程序具有自己的喜好，或者喜欢在完成文档时一次性拼写检查。此时可以通过设置"拼写和语法"检查功能来完成。

方法：单击文件按钮中的"选项"按钮，在 Word 选项对话框中单击"校对"按钮，在右侧的校对选项卡中进行相关设置，如图 4-17 所示，设置完毕后单击"确定"按钮。

图 4-17 "校对"选项卡

4.2.2　设置文本格式

在 Word 2010 中，可以非常轻松设置文本的格式，让文本显得更加整洁、美观与规范。

1．设置字体格式

字体是指文字的外观，Word 2010 提供了多种可用的字体，默认的字体为"宋体"。字号是指文字的大小，默认的字号为"五号"。字形包括文本的常规显示、加粗显示、加粗和倾斜显示。字符间距是指文档中字与字之间的距离。在 Word 2010 中，常常通过设置字形、字体颜色和字体效果使文档看起来更生动、醒目、美观。

（1）浮动工具栏

选择需要设置字体格式的文本后，在文本的上方将会自动弹出"浮动工具栏"，如图 4-18（a）所示，刚开始呈半透明状态，将鼠标指针接近"浮动工具栏"，在其中单击相应的按钮或者在相应的下拉列表中选择所需的选项即可。

（a）浮动工具栏

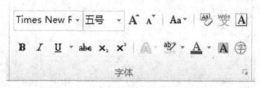

（b）"字体"组

图 4-18　设置字体格式

（2）"字体"组

选择需要设置字体格式的文本后，在"开始"选项卡的"字体"组中，如图 4-18（b）所示，从左至右、从上至下依次为字体列表框、字号列表框、增大字号、减小字号、清除格式、拼音、加框、加粗、倾斜、下划线、删除线、下标、上标、大小写、突出显示、底纹、带圈字符，单击相应的按钮或者在相应的下拉列表中选择所需的选项即可。

"浮动工具栏"中的按钮是"字体"组中按钮的部分，"字体"组的设置功能更全面。常见的字体命令按钮设置效果如表 4-2 所示。

表 4-2　　　　　　　　　　常见字体命令按钮设置效果

命令按钮	设置效果	命令按钮	设置效果
字体	**黑体**楷体	字号	五号字六号字
加粗	**计算机**	倾斜	*计算机*
下划线	计算机计算机	删除线	计算机
字体颜色	浅蓝紫色	以不同颜色突出显示文本	计算机
上标	A^2	下标	A$_2$
字符底纹	计算机	字符边框	计算机
带圈字符	①②⚠⟡	拼音指南	jiāo tōng 交通
更改大小写	computer COMPUTER	着重号	计算机

（3）"字体"对话框

在"字体"组中只列出了常用的格式工具选项，还有一些格式选项要通过"字体"对话框进行设置。

选择需要设置字体格式的文本后，单击"开始"选项卡"字体"组右侧的字体对话框启动器 ；或单击鼠标右键，从打开的快捷菜单中选择"字体"命令，则打开图 4-19（a）所示的"字体"对话框，再进行相应的设置即可。

（a）"字体"选项卡

（b）"高级"选项卡

图 4-19　"字体"对话框

（4）字符间距的设置

字符间距是指字符之间的距离。有时因文档设置的需要而调整字符间距，以达到理想的效果。用户可在 Word 2010 文档窗口中方便地设置字符间距。

选择需要设置字体格式的文本后，单击"开始"选项卡"字体"组右侧的字体对话框启动器 ；或单击鼠标右键，从打开的快捷菜单中选择"字体"命令，再单击"高级"选项卡，则打开如图 4-19（b）所示的字符间距对话框。该对话框"缩放"项表示在字符原来大小的基础上缩放字符尺寸，取值范围为 1% ~ 600%之间；"间距"项表示在不改变字符本身尺寸的基础上增加或减少字符之间的间距，可以设置具体的磅值；"位置"项表示相对于标准位置，提高或降低字符的位置，可以设置具体的磅值；"为字体调整字符间距"项表示根据字符的形状自动调整字间间距，设置该选项以指定进行自动调整的最小字体。

另外，使用功能区"开始"选项卡中的"段落"组，单击 命令右边的箭头，在弹出的下拉菜单中选择"字符缩放"选项，可以在字符原来大小的基础上缩放字符尺寸。

2. 设置段落格式

段落是指两个回车键之间的内容，是文字、图形、对象或其他项目的集合。在输入和编辑 Word 文档时，每按一次回车键，就表明开始了一个新段落，系统自动在前一个段落的末尾显示一个弯曲的箭头"↵"，也就是硬回车，被称为"段落标记"。

利用段落的格式化工具，可以调整段落的行间距、缩进、对齐方式、边框、底纹等，从而使文档的外观引人入胜。另外，在 Word 中按 Shift+Enter 组合键可以立即换行，但此时不开始新的段落，将出现一个"软回车"符"↓"。

（1）浮动工具栏

　　选择需要设置格式的段落后，单击"浮动工具栏"中的相应按钮即可。"浮动工具栏"中只有"居中""增加缩进""减少缩进"3 个用于段落设置的按钮。

（2）"段落"组

　　选择需要设置格式的段落后，在"开始"选项卡的"段落"组中，如图 4-20 所示，单击相应的按钮或者在相应的下拉列表中选择所需的选项即可。

图 4-20　"段落"组

　　① 段落缩进

　　段落缩进是指段落与左、右页边距的距离，主要包括首行缩进、悬挂缩进、左缩进和右缩进。各类缩进的含义如下。

- 首行缩进：指段落的第一行相对于左页边距向右缩进的距离，如首行空 2 个字符。
- 悬挂缩进：指段落除第一行外，其余各行相对于左边界向右缩进的距离。
- 左缩进：指整个段落的左边界向右缩进的距离。
- 右缩进：指整个段落的右边界向左缩进一段距离。

段落缩进的设置方法有如下两种。

- 使用标尺设置：选择整个段落或将插入点置于段落开头或段落内的任意位置上，然后将水平标尺上的相应缩进标记拖动到所需位置上，如图 4-21 所示。

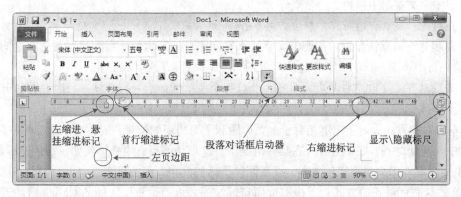

图 4-21　使用标尺设置段落缩进

- 使用"段落"对话框设置：选择整个段落或将插入点置于段落开头或段落内的任意位置上，单击"开始"→"段落"组右下角的"段落"对话框启动器 打开"段落"对话框，选择"缩进和间距"选项卡，在"特殊格式"下拉列表框中，单击"首行缩进"或"悬挂缩进"选项，在"磅值"框中设置缩进量（在预览图中会显示设置效果）；在"缩进"区域的"左""右"框中设置左、右缩进量，输入负值可使文字出现在页边距中；单击"确定"按钮关闭对话框，如图 4-22 所示。

　　② 段落对齐

　　段落的对齐方式包括水平对齐方式和垂直对齐方式。

　　a）水平对齐方式决定段落边缘外观和方向，依次为：左对齐、居中、右对齐、两端对齐和分散对齐。

- 左对齐：文本左边对齐，右边参差不齐。

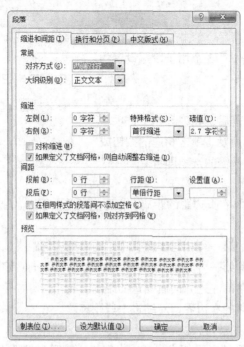

图 4-22　使用"段落"对话框设置段落缩进

- 居中：文本居中排列。
- 右对齐：文本右边对齐，左边参差不齐。
- 两端对齐：默认设置。指调整文字的水平间距，使其均匀分布在左右页边距之间，但是段落最后一行中不满一行的文字右边是不对齐的。
- 分散对齐：文本左右两边均对齐，而且每个段落的最后一行不满一行时，将拉开字符间距使该行均匀分布。

b）垂直对齐方式决定了段落相对于上页边距和下页边距的位置，依次为：顶端对齐（默认设置）、居中、两端对齐、底端对齐。在某些情况下，这项功能很有用处。例如，在创建标题页时，能够在页面顶部或中央精确定位文本，或者调整段落使其在页面的垂直方向上均匀分布。

改变文本垂直对齐的方式：单击"页面布局"→"页面设置"右侧的对话框启动器，打开"页面设置"对话框，选择"版式"选项卡，在"垂直对齐方式"下拉列表框中，单击所需的选项。

③ 段间距与行间距

段落间距决定了段落前后的间距，如果需要改变多个段落的间距，可以通过增加段前、段后的间距来实现。

行间距简称行距，它决定了段落中各行之间的垂直间距，即一行文字底部到下一行文字顶部的间距量。

改变行距或段落间距的方法是：选定要更改其行距或段落间距的段落，单击"开始"→"段落"组右侧的对话框启动器，打开"段落"对话框，如图 4-22 所示。若要改变行距，则在"行距"框中选择所需的选项（其中单倍行距、1.5 倍行距、2 倍行距和多倍行距都是以"行"为单位，最小值和固定值以"磅"为单位）；若要增加各个段落的前后间距，则在"段前"或"段后"框中输入所需的间距（可设置为"自动""行""磅"三种方式），单击"确定"按钮即可。

④ 控制段落的断开

有时用户需要将某些内容放在同一页上，或希望在段中不要分页，或者控制孤行（如某段落在断开后在下一页的开始处仅有该段的一行文本），对于这些情况，可使用图 4-22 所示的"段落"对话框中的"换行和分页"选项卡上的对应选项来控制段落的完整性。

3. 项目符号和编号

项目符号和编号用于将文档中一些并列或按次序排列的内容以列表的形式显示出来，使这些内容的层次结构更清晰、更有条理有序的排列。

（1）添加项目符号

Word 2010 提供了 7 种标准的项目符号，并允许用户自定义项目符号。

● 选中需要添加或改变项目符号的段落。

● 在"开始"选项卡的"段落"组中，单击"项目符号"按钮；或单击鼠标右键，在弹出的快捷菜单中选择"项目符号"命令，将自动在每一个段落前面添加项目符号。

● 若单击"项目符号"按钮右侧的向下箭头，在打开的列表中选择"定义新项目符号"命令；或者单击鼠标右键，在弹出的快捷菜单中选择"项目符号"命令中的"定义新项目符号"选项，将打开图 4-23（a）所示的"定义新项目符号"对话框，单击"符号""图片""字体"按钮弹出不同的对话框，在这些对话框中可按需求进行自定义项目符号设置。

（2）添加编号

● 选中需要添加或改变编号的段落。

● 在"开始"选项卡的"段落"组中，单击"编号"按钮；或单击鼠标右键，在弹出的快捷菜单中选择"编号"命令，将自动在每一个段落前面添加编号。

● 若单击"编号"按钮右侧的向下箭头，在打开的列表中选择"定义新编号格式"命令；或者单击鼠标右键，在弹出的快捷菜单中选择"编号"命令中的"定义新编号格式"选项，将打开图 4-23（b）所示的"定义新编号格式"对话框，单击"编号样式""字体""对齐方式"下拉按钮弹出不同的对话框，在这些对话框中可按需求进行自定义编号设置，还可自定义编号格式。

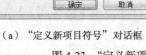

（a）"定义新项目符号"对话框　　　　（b）"定义新编号格式"对话框

图 4-23　"定义新项目符号"和"定义新编号格式"

（3）多级列表

多级列表是在段落的编号中，再设置下一级的编号。如以 1.、（1）、a 等字符开始的段落中，按 Enter 键，下一段开始将会自动出现 2.、（2）.、b 等字符。

单击段落组中的多级编号下拉按钮 可在其列表中进行相关设置。若要选择新的多级列表，则单击多级编号下拉列表中的"定义新的多级列表"按钮，在弹出的"定义新的多级列表"对话框中进行设置。

4. 设置特殊格式

（1）首字下沉/首字悬挂

顾名思义，就是以下沉或悬挂的方式设置段落中的第一个字符的格式。下沉方式设置的下沉字符紧靠其他的文字，而悬挂方式设置的字符可以随意移动其位置。

操作时，选择要设置首字下沉的段落或文字，在"插入"选项卡的"文本"组中，单击"首字下沉"按钮，在其下拉列表中单击"下沉"或"悬挂"命令即可，若单击下拉列表中的"首字下沉选项"命令，将打开"首字下沉"对话框，可在"位置""选项"等选区中进行相应的设置。

　　如果要对某段文本进行分栏设置（或给某段正文添加某线型的边框）和首字下沉/悬挂操作，一定要先设置分栏和边框，再设置首字下沉/悬挂。

（2）分栏

Word 2010 提供了分栏功能，使其具有类似于杂志、报纸的分栏效果，这样不仅可以使文档易于阅读，而且可以对每一栏单独进行格式化和版面设计。分栏排版是将页面中的文字分多个栏目，按垂直方向对齐，排满一栏后转到下一栏。用户可根据需要设置栏数、调整栏宽。

① 使用预设分栏效果：选择要分栏的文本，在"页面布局"选项卡的"页面设置"组中，单击"分栏"下栏按钮，在弹出的列表中选择"一栏、两栏、三栏、偏左、偏右"即可。

② 使用分栏对话框：在"页面布局"选项卡的"页面设置"组中，单击"分栏"下接按钮，在列表中选择"更多分栏"命令，将打开"分栏"对话框，可对分栏的"列数、宽度和间距、分隔线"进行相应的设置。

③ 使用"页面设置"对话框：单击"页面布局"选项卡的"页面设置"组右侧的对话框启动器 ，在弹出的"页面设置"对话框中选择"文档网络"选项卡进行设置。

（3）中文版式

中文版式功能极大地方便了中文文档的编辑和排版操作。

操作时，先选择要设置中文版式的字符，在"开始"选项卡的"段落"组中，单击"中文版式"按钮，在其下拉列表中单击各个选项命令即可进行相应的设置：

- 纵横混排：能使横向排版的文本在原有的基础上向左旋转 90°。
- 合并字符：能使所选的字符排列成上、下两行。
- 双行合一：能使所选的位于同一文本行的内容平均地分为两个部分，前一部分排列在后一部分的上方。
- 调整宽度：调整文字间的宽度。
- 字符缩放：可按提供的比例调整文字大小，如需自定义比例，单击"其他"按钮进行设置。

5. 复制、显示和清除格式

（1）复制格式

复制格式指使用格式刷来"刷"格式，可以非常快速地将指定文本的格式引用到其他文本上。操作时，选择已具有格式的文本作为复制源，在"开始"选项卡的"剪贴板"组中，单击"格式刷"按钮，此时"格式刷"按钮被点亮，鼠标指针变成刷子形状，将鼠标移动到想要复制格式的文本上，按住鼠标左键不放在该文本上拖动即可，松开鼠标左键后，"格式刷"按钮灭。

如果需要反复多次应用同一个格式，则可以双击"格式刷"按钮，然后拖动鼠标选择要应用该格式的文本，直到使用完毕时，再次单击"格式刷"按钮或者按 Esc 键取消格式刷。

（2）显示格式

按 Shift+F1 组合键可将"显示格式"任务窗格调出并停靠在编辑区的右侧。此时，移动鼠标到要查看格式的字符上单击，即可看到该字符的格式信息。单击该任务窗格右上角的关闭按钮即可关闭。

（3）清除格式

无论目前文本应用了什么格式，清除格式后默认使用该文档的"正文"样式。若要使用清除格式操作，在"开始"选项卡的"字体"组中，单击"清除格式"按钮。

4.2.3　页面设计

页面的布局设计简称页面设计，页面的设计相比格式段落的设计更为重要，因为页面的安排直接影响到文档的打印效果，即文档展现在人们视觉上的效果。为了使文档更加美观、具有良好的视觉效果，Word 2010 提供各种布局调整功能，如设置页边距、纸张、页眉页脚、页面走纸方向、边框和底纹、页眉页脚、分隔符中的分页和分节等。

1. 页面设置

Word 2010 页面设置是指纸张大小、页边距（上、下、左、右）、页眉和页脚内容、页眉和页脚位置的总称，其中上页边距和下页边距也称为顶页边距和底页边距。页面设置的作用域可以是"插入点之后"的节，也可以是"整篇文档"。

单击"页面设置"对话框启动器 □，在弹出的"页面设置"对话框中有 4 个选项卡：页边距、纸张、版式和文档网络选项卡，如图 4-24 所示。

2. 页面背景

文本边框、页面边框、底纹和页面颜色用于美化文档，同时也可以起到突出和醒目的作用。水印作为一种特殊的底纹还可以起到文档真伪鉴别、版权保护的功能。

（1）设置文本边框

可以通过单击"开始"选项卡中"字体"组上的

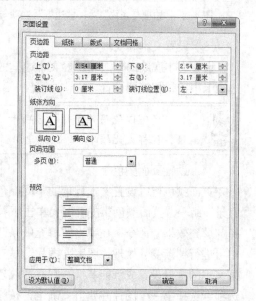

图 4-24　"页面设置"对话框

字符边框按钮 Ａ，给文本添加简单的单线边框；如果想给选定的文本添加其他样式的边框，可用下面的方法来实现。

- 选定要加边框的文本。
- 单击"页面布局"选项卡上的"页面背景"组的"页面边框"按钮 □，弹出"边框和底纹"对话框，再选择"边框"选项卡，如图 4-25 所示。
- 分别在"设置""线型""颜色""宽度"选项区中选择一种需要的边框样式。
- 在"应用于"列表框中选择"文字"或"段落"选项，单击"确定"按钮完成。
- 如果要取消已经设置好的边框线，应在"线型"列表中选择"无边框"选项即可。

（2）设置页面边框

● 将光标放在页面的任一位置处，单击"页面布局"选项卡上的"页面背景"组的"页面边框"按钮□，弹出"边框和底纹"对话框，再选择"页面边框"选项卡，如图4-26所示。

● 根据要求分别在"设置""线型""颜色""宽度""艺术型"选项区中进行选择，完成页面边框样式的设置。

● 在"应用于"列表框中选择"整篇文档"或根据需求选择其他选项，如图4-26所示，单击"确定"按钮完成。

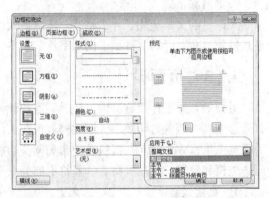

图 4-25 "边框与底纹"——"边框"选项卡　　　图 4-26 "边框与底纹"——"页面边框"选项卡

（3）设置文本底纹

设置文本底纹的方法和设置文本边框的方法基本一样，在"边框和底纹"对话框的"底纹"选项卡中进行相应的设置。

 注意　　还可以使用"开始"选项卡中"字体"组中的按钮 A 和 A 快速设置文本的边框和底纹，但样式比较单一。

（4）设置页面颜色

页面颜色可以设置文本背景的不同颜色和不同填充效果，单击"页面布局"选项卡→"页面背景"组→"页面颜色"按钮，单击下拉按钮选择"填充效果"命令，在弹出"填充效果"对话框中可进行"渐变、纹理、图案、图片"填充。如将某文档的背景设置成纸莎草纸，则在"纹理"填充选项卡选择第一个图片并单击"确定"按钮即可，如图4-27所示。

（5）文档水印

水印可以是文字或图形，出现在文档正文的上方和下方。例如，使用水印将某图形（如某个大学的标志等）或文字（如"机密"字样等）淡淡地显示在文档背景中。

无论它们被放置在页面的何处（如被设置为水印效果的文本或图形放置在页眉和页脚视图内），都可以被正确显示和打印在每一个文档页上。

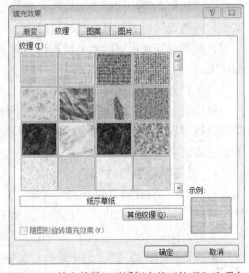

图 4-27 "填充效果"对话框中的"纹理"选项卡

插入水印的方法是：选择"页面布局"选项卡→"页面背景"组→"水印"按钮，在水印菜单中根据需要进行相关的插入操作。另外，还可以在下拉菜单中选择"自定义水印"进行个性化设置。

删除水印在水印下拉菜单中单击"删除水印"按钮即可。

3. 分隔符

分隔符一般用于文档的分页、分节处理，方便页眉和页脚的插入和目录的处理。常用的分隔符主要有分页符和分节符两种。

（1）分页

Word 通过分页符来决定文档分页的位置，也就是说分页符用来表示上一页结束、下一页开始的位置。分页有自动分页和人工分页两种。自动分页是指文档中每个页面结尾处 Word 自动插入的分页符，该分页符也称软分页符；人工分页是指通过 Word 提供的插入分页符命令，在指定位置上强制插入的分页符，该分页符也称硬分页符。

在页面视图、打印预览以及在打印出的文档中，分页符后的文本出现在新页中。在普通视图中，自动分页符显示为横穿页面的单点划线；人工分页符则显示为标有"分页符"字样的单点划线，如图 4-28（b）所示。

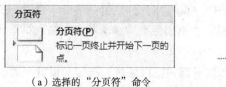

（a）选择的"分页符"命令　　　　　　　　（b）人工分页符样式

图 4-28　"页面布局"选项卡→"分隔符"中的"分页符"

插入人工分页符：插入点移至新页的起始位置→单击"页面布局"选项卡→单击"分隔符"→选择"分页符"，如图 4-28（a）所示。

删除分页符：在"开始"选项卡的"段落"组中单击"显示/隐藏格式标记"按钮，将光标移动分页符的单点划线前，按 Delete 键（若光标在分页符的单点划线后，按 Backspace 键）。

（2）分节符

在 Word 中，通过插入分节符表示节结束。分节符包括节的格式设置，如页边距、页的方向、页眉和页脚，以及页码的顺序。通过使用分节符可在一页之内或两页之间改变文档的布局。

例如，某期刊论文将内容提要和正文分为两节，要求内容提要节的格式设置为一栏，正文节的格式设置成两栏。在这种情况下需要插入分节符，否则 Word 会将整篇论文视为一个节。

分节符的插入位置可以在同一页、新的一页、下一个奇数页、下一个偶数页中插入分节符，表示开始新的一节。另外，文档的最后一个段落标记控制文档最后一节的节格式，若文档没有分节，则控制整个文档的格式。

插入分节符：单击需要插入分节符的位置，选择"页面设置"组→单击"分隔符"下拉按钮，在其列表框中选择所需选项即可，在"分节符类型"下单击所需新分节符开始位置的选项，各选项命令及样式如图 4-29 所示。

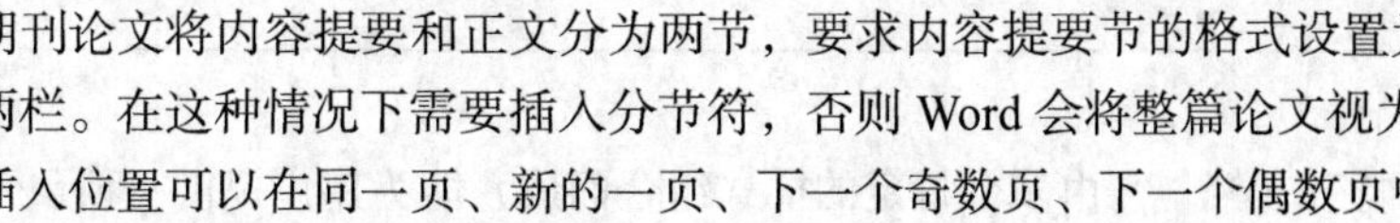

图 4-29　四种分节符命令及样式

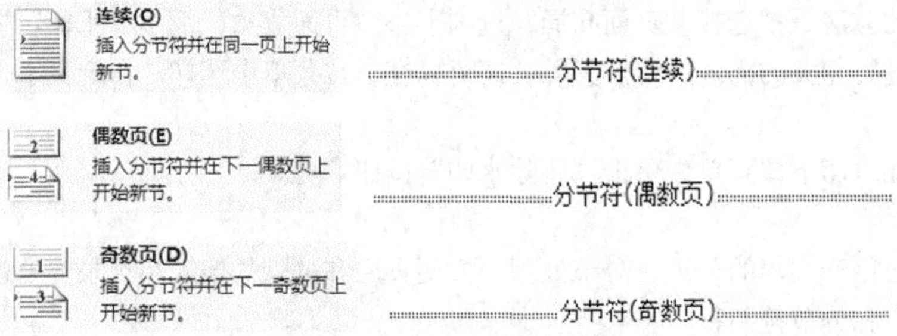

连续(O)
插入分节符并在同一页上开始
新节。

............分节符(连续)............

偶数页(E)
插入分节符并在下一偶数页上
开始新节。

............分节符(偶数页)............

奇数页(D)
插入分节符并在下一奇数页上
开始新节。

............分节符(奇数页)............

图 4-29　四种分节符命令及样式（续）

删除分节符与删除分页符的方法相同。

　　　　在删除分节符的同时，也将删除该分节符前面文本的分节格式，该文本将变成下一节的一部分，并采用下一节的格式。

4．设置页眉页脚

页眉和页脚分别是打印在文档页面顶部和底部的注释性文字或图片。

（1）添加页眉和页脚

● 使用预设效果：单击"插入"选项卡→选择"页眉和页脚"组→单击"页眉"按钮（或页脚、页码按钮），选择 Word 2010 内置的预设样式，在页眉或页脚编辑状态下输入页眉或页脚即可。操作完成后单击"关闭页眉和页脚"按钮。

● 使用鼠标快速设置：双击文档编辑区上部或下部的空白区域，自定义设置页眉、页脚和页码，操作完成后，双击文档编辑区，即可关闭页眉和页脚。

（2）设置首页不同

若要使文档仅首页没有页眉或仅首页的页眉与其他页的页眉不同，需进入页眉页脚编辑状态，单击"设计"选项卡→"选项"组→勾选"首页不同"，然后进行设置。

（3）设置奇偶页不同

若要在文档中创建奇数页和偶数页不同内容的页眉或页脚，需进入页眉页脚编辑状态，单击"设计"选项卡→"选项"组→勾选"奇偶页不同"，然后进行设置。

　　　　在页眉或页脚编辑状态下，Word 文档编辑区的正文呈灰度显示，不能编辑。

5．模板

模板是一种特殊文档，它由多个特定的样式组合而成，能为用户提供一种预先设置好的最终文档外观框架，也允许用户加入自己的信息。Word 2010 中模板文件的扩展名采用.dotx 或.dotm（.dotm 文件类型允许在文件中启用宏）。新建一个文档时，用户可以选择系统提供的模板建立文档，也可以自建一个新的模板。

例如，商务计划是 Word 编写中的一种常用文档。可以使用具有预定义的页面布局、字体、边距和样式的模板，而不必从头开始创建商务计划的结构。用户只需打开一个模板，然后填充特定于您的文档的文本和信息，最后将文档保存为.docx 或.docm 文件即可。创建模板有从空白文档开始和基于现有的文档创建模板两种。

（1）从空白文档开始创建模板

单击"文件"按钮→"新建"→"空白文档"→"创建"，根据需要对边距设置、页面大小和方向、样式以及其他格式进行更改后，单击"文件"按钮→"另存为"→在"另存为"对话框中指定新模板的文件名，在"保存类型"列表中选择"Word 模板"，然后单击"保存"按钮即可（模板的默认安装路径在…\Microsoft\Templates 文件夹下）。

（2）基于现有的文档创建模板

单击"文件"按钮→"打开"→打开计划用于创建模板的现有文档→根据用户要求对相关内容进行更改→再单击"文件"按钮→选择"另存为"→在"另存为"对话框中指定新模板的文件名，在"保存类型"列表中选择"Word 模板"，然后单击"保存"按钮即可。

6. 样式

样式就是系统或用户定义并保存的一系列排版格式，包括字体、段落的对齐方式和缩进等。重复地设置各个段落的格式不仅烦琐，而且很难保证相同级别的多个段落的格式完全相同。除了使用上面介绍的"格式刷"工具以外，还可以使用样式。这样不仅可以轻松快捷地编排具有统一格式的段落，而且可以使文档段落格式严格保持一致。

样式实际是一种排版格式指令。在编写一篇文档时，可以先将文档中要用到的各种样式分别加以定义，然后使之应用于其各个段落之上。Word 2010 预定义了标准样式，如果用户有特殊要求，也可以根据自己的需要修改标准或重新定制样式。

（1）使用预定义标准样式：选中要设置样式的段落，单击"开始"→"样式"组里的标准样式即可，如图 4-30（a）所示。单击下拉按钮，可显示全标准样式，如图 4-30（b）所示。

（a）"样式"组   （b）预定义标准样式

图 4-30 应用内置样式

（2）创建新样式：单击"开始"选项卡→"样式"组右下角的对话框启动器，在图 4-31（a）所示的"样式"任务窗格中单击"新建样式"按钮，弹出"根据格式设置创建新样式"对话框，如图 4-31（b）所示。用户可根据自己的需求进行新样式设置"属性"和"格式"两栏内容，最后单击"确定"按钮，就创建了一个新样式。应用时，同标准样式相同。

（3）修改、删除样式：用户在使用样式时，有些样式不符合自己排版的要求，可以对样式进行修改，甚至删除。删除时，单击"开始"选项卡→在"样式"组右下角的对话框启动器，在弹出的下拉菜单中进行。

系统只允许用户删除自己创建的样式，Word 2010 的预定义标准样式只能修改、不能删除。

（a）"样式"任务窗格　　　　　　　　（b）"根据格式设置创建新样式"对话框

图 4-31　创建新样式

7. 目录

Word 2010 可根据文档章节的标题样式自动生成目录，这样不仅可使目录制作变得简便，并且在文档有修改时，可使用"更新目录"的功能来适应文档的变化。通过目录阅读和查找文章内容也很方便，只要按住 Ctrl 键单击目录中的某一章节就会直接跳转到该页。

在自动生成目录之前，应对文档进行一些必要的格式设置，即用户要把文档中的各个章节的标题按级别的高低分别设置成 Word 2010 预定义标准样式或自行创建的新样式。

（1）自动生成目录

方法 1：将插入点定位到需要插入目录的位置处，选择"引用"选项卡→单击"目录"下拉按钮→在目录下拉列表中选择一种自动目录样式，如图 4-32 所示，即可按照文档中已有的标题样式自动生成目录。

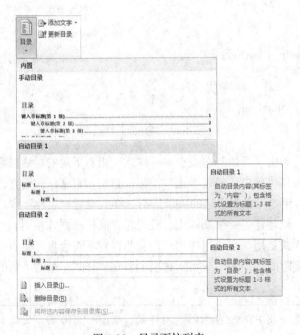

图 4-32　目录下拉列表

方法 2：选择"引用"选项卡→单击"目录"下拉按钮→在目录下拉列表中单击"插入目录"按钮，打开"目录"对话框，如图 4-33 所示。然后按要求设置是否显示页码、页码是否右对齐以及制表符前导符的样式。最后单击"确定"按钮，即可自动生成目录。

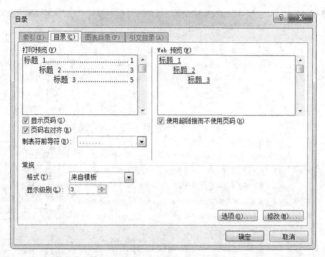

图 4-33 "目录"对话框

（2）更新目录

如果文档经过编辑修改后，增、删及修改了某部分章节标题、正文内容，以及章节所在的页码发生了变动，都需要更新目录。

选择"引用"选项卡→单击"目录"组的"更新目录"按钮，如图 4-34（a）所示；或将光标定位到目录中的任意标题条目，右键单击，在弹出的快捷菜单中选"更新域"，都可弹出图 4-34（b）所示的"更新目录"对话框。其中，"只更新页码"表示不更新目录的标题内容，"更新整个目录"指标题、页码都更新。

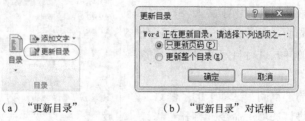

（a）"更新目录"　　　　　（b）"更新目录"对话框

图 4-34 更新目录方式

4.2.4 审阅与修订文档

在与他人共同处理文档的过程中（如共同著书或撰写论文），审阅、跟踪文档的修订状况成为最重要的环节之一，用户需要及时了解其他用户更改了文档的哪些内容，以及为何要进行这些更改。Word 提供了多种方式来协助用户完成文档审阅的相关操作，本节介绍最常用的两项。

1. 修订文档

当用户在修订状态下修改文档时，Word 应用程序将跟踪文档中所有内容的变化状况，同时会把用户在当前文档中修改、删除、插入的每一项内容标记下来。

打开要修订的文档，单击"审阅"选项卡→"修订"组中的"修订"按钮，即可开启文档的修订状态。用户在修订状态下直接插入的文档内容通过颜色和下划线标记下来，删除的内容会在中部加上删除线。如图 4-35 所示。

图 4-35 使用"审阅"修订文档的示例

当多个用户同时参与对同一文档进行修订时，文档将通过不同的颜色来区分不同用户的修订内容，从而可以很好地避免由于多人参与文档修订而造成的混乱局面。此外，Word 2010 还允许用户对修订内容的样式进行自定义设置，具体的操作步骤如下。

（1）在功能区的"审阅"选项卡的"修订"选项组中，执行"修订选项"命令，打开"修订选项"对话框，如图 4-36 所示。

（2）用户在"标记""移动""表单元格突出显示""格式""批注框"5 个选项区域中，可以根据自己的浏览习惯和具体需求设置修订内容的显示情况。

2. 为文档添加批注

在多人审阅文档时，可能需要彼此之间对文档内容的变更状况作一个解释，或者向文档作者询问一些问题，这时就可以在文档中插入"批注"

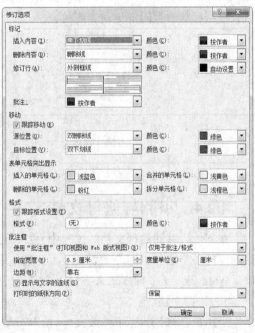

图 4-36 修订选项

信息。"批注"与"修订"的不同之处在于，"批注"并不在原文的基础上进行修改，而是在文档页面的空白处添加相关的注释信息，并用有颜色的方框括起来，如图 4-35 所示。

如果需要为文档内容添加批注信息，只需在"审阅"选项卡的"批注"选项组中单击"新建批注"按钮，然后直接输入批注信息即可。

除了在文档中插入文本批注信息以外，用户还可以插入音频或视频批注信息，从而使文档协作在形式上更加丰富。

如果用户要删除文档中的某一条批注信息，则可以右键单击所要删除的批注，在随后打开的快捷菜单中执行"删除批注"命令。如果用户要删除文档中所有批注，请单击任意批注信息，然后在"审阅"选项卡的"批注"选项组中执行"删除"→"删除文档中的所有批注"命令。

另外，当文档被多人修订或审批后，用户可以在功能区的"审阅"选项卡中的"修订"选项组中，执行"显示标记审阅者"命令，在显示的列表中将显示出所有对该文档进行过修订或批注操作的人员名单。

可以通过选择审阅者姓名前面复选框，查看不同人员对本文档的修订或批注意见。

3. 审阅修订和批注

文档内容修订完成以后，用户还需要对文档的修订和批注状况进行最终审阅，并确定出最终的文档版本。当审阅修订和批注时，可以按照如下步骤来接受或拒绝文档内容的每一项更改。

（1）在"审阅"选项卡的"更改"选项组中单击"上一条"（"下一条"）按钮，即可定位到文档中的上一条（下一条）修订或批注。

（2）对于修订信息可以单击"更改"选项组中的"拒绝"或"接受"按钮，来选择拒绝或接受当前修订对文档的更改；对于批注信息可以在"批注"选项组中单击"删除"按钮将其删除。

（3）重复步骤（1）~步骤（2），直到文档中不再有修订和批注。

（4）如果要拒绝对当前文档做出的所有修订，可以在"更改"选项组中执行"拒绝"→"拒绝对文档的所有修订"命令；如果要接受所有修订，可以在"更改"选项组中执行"接受"→"接受对文档的所有修订"命令。

4.3　Word 表格制作

表格是一种简明扼要的表达方式，它以行和列的形式组织信息，其基本单元称为单元格。在表格中不但可以输入文本、数字，还可以插入图片等，显示效果直观、形象。

4.3.1　创建表格

在 Word 2010 的表格中，一行和一列的交叉位置称为一个单元格，表格的信息包含在各个单元格中。单元格结束标记标识出单元格中内容的结束位置，而行结束标记标识出每一行的结束位置。这些标记的作用和"段落标记"一样，都具有存储设置的功能。创建表格可使用以下方法。

1. 使用下拉列表中的网格插入表格

将插入点定位到要创建表格的位置，选择"插入"选项卡→单击"表格"组中的"表格"下拉按钮，在"表格"下拉列表中出现一个网格面板，在网格内拖动鼠标直到橙色网格的大小符合要求后松开鼠标，即可在屏幕上创建一个所需行数和列数的表格。如鼠标拖过 5×3 个方格，将创建一个 5 列 3 行的表格，如图 4-37（a）所示。

表格插入进来的同时，系统将自动激活图 4-37（b）所示的"表格工具"选项卡，该选项卡又分别包含"设计"与"布局"两个选项卡。

表格结构如图 4-37（c）所示。

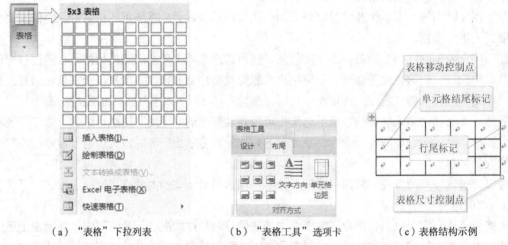

（a）"表格"下拉列表	（b）"表格工具"选项卡	（c）表格结构示例

图 4-37　使用下拉列表中的网格插入表格

2. 利用"插入表格"对话框创建表格

使用"表格"菜单中"插入"子菜单下的"表格"命令创建表格，操作步骤如下。

（1）将光标移到要插入表格的位置上，选择"插入"选项卡→单击"表格"组中的"表格"下拉按钮→在"表格"下拉列表中单击"插入表格"按钮，弹出图 4-38 所示的"插入表格"对话框→输入或选择表格的列数和行数。

（2）在"自动调整操作"区域选择需要的选项。其中，选择"固定列宽"表示表格的列宽是一个确切的值（可以任意指定）；选择"根据窗口调整表格"表示表格的总宽度总是与页面的宽度相同，其中列宽等于页面宽度除以列数；选择"根据内容调整表格"表示列宽自动适应内容的宽度。

图 4-38　"插入表格"对话框

（3）如果选中"为新表格记忆此尺寸"复选框，则该设置将成为以后新创建表格的默认设置。

（4）单击"确定"按钮即可在文档中插入所需格式的空表格。

3. 使用"绘制表格"命令创建表格

使用"表格"菜单中"插入"子菜单下的"表格"下拉命令列表框中"绘制表格"命令创建表格，操作步骤如下。

（1）选择"插入"选项卡→单击"表格"组中的"表格"下拉按钮→在"表格"下拉列表中单击"绘制表格"按钮，此时鼠标指针变为铅笔的形状。

（2）在需要插入表格的地方，按住鼠标左键从左上角沿对角线方向拖动鼠标，直到适当位置后松开鼠标，画出表格外框，然后拖动鼠标画表格内的行、列线段。

（3）绘制完成后，再次单击"设计"选项卡上的"绘制表格"按钮，使鼠标呈正常显示。

另外，使用"设计"选项卡上的工具，可以对表格进行一些修改操作。例如，如果要取消一条单元格线，可以单击"设计"选项卡上的"绘图边框"组上的"擦除"按钮，待光标变成橡皮状后，在擦除的线上单击鼠标左键，该线就被擦除了（再次单击该按钮结束擦除操作）。

4. 快速表格

在"插入"选项卡的"表格"组中，单击"表格"按钮，在弹出的下拉列表中选择"快速表格"命令，在打开的子菜单中选择系统提供的内置表格样式，即可快速插入具有特定样式的表格。

5. 将文本转换成表格

在"插入"选项卡的"表格"组中，单击"表格"按钮，在弹出的下拉列表中选择"文本转换成表格"命令，可将预先选定的文本转换成表格。详见 4.3.2 节。

6. 插入 Excel 电子表格

在"插入"选项卡的"表格"组中，单击"表格"按钮，在弹出的下拉列表中选择"Excel电子表格"命令，弹出 Excel 界面，可通过专门的表格处理软件创建表格。

4.3.2　编辑表格

1. 在表格中输入信息

在表格中可以输入各种文本、数据、图片等各种信息。首先移动鼠标到某个单元格，然后单击鼠标将插入点移到该单元格中，输入内容即可。在表格中移动插入点时，可按 Tab 键从一个单元格跳到下一个单元格，按 Shift+Tab 组合键可以从一个单元格跳到上一个单元格。当输入的内容到达单元格的行尾时，Word 会自动换行；当表格项目的内容占满整个单元格时，Word 会自动改变这一行的高度。

2. 选择表格

对单元格内容进行编辑时首先需执行选定操作。

（1）使用"表格工具"→"布局"选项卡→"表"→"选择"下拉列表中的各项命令做相应选定，如图 4-39 所示。

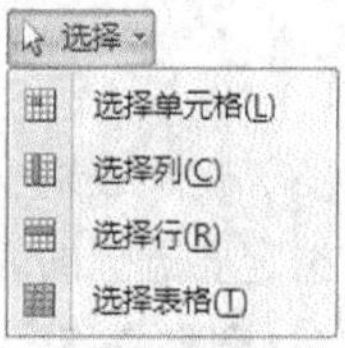

图 4-39　"选择"下拉列表

（2）用鼠标和键盘选择。

- 选择一个单元格：移动鼠标至该单元格的左侧，当指针呈现指向右侧的黑色实心箭头➚时单击鼠标左键。

- 选择多个单元格：移动鼠标至该单元格左侧，当指针呈现指向右侧的黑色实心箭头➚时拖曳即可选择多个连续的单元格；选择第 1 个单元格后，按住 Ctrl 键不放，再分别选择其他单元格，即可选择多个不连续的单元格。

- 选择整行：移动鼠标至表格左框线外的文本选择区，当鼠标指针变成◁时，单击鼠标左键即可。

- 选择整列：移动鼠标至表格某列的上边线框上，当指针呈现指向下方的黑色实心箭头↓时，单击鼠标左键即可。

- 选定多行或多列：对于连续的多行或多列，在要选定行或列上拖动鼠标；或先选定某行或某列，然后在按 Shift 键的同时单击其他行或列。对于不连续的多行或多列，可以用 Ctrl+鼠标左键拖曳；也可按 Ctrl 键的同时单击这些行或列。

- 整个表格：移动鼠标至表格内，表格的左上角会出现一个"移动控点" ⊞，右下角会出现一个"缩放控点" □，单击这两个符号中的任意一个，即可选择整个表格。

3. 插入与删除

（1）插入行、列、单元格

① 选定与要插入的行或列数目相同的行、列或单元格；选择"布局"选项卡上"行和列"组，

用户可以根据需要单击图 4-40（a）所示的"在上方插入""在下方插入""在左侧插入"或"在右侧插入"命令按钮。

② 或在表格中单击鼠标右键，弹出快捷菜单，选择相应命令即可。

③ 快速添加一行：在表格某行的行结束标记前按回车键。

（2）删除表格中的单元格、行、列或表格

① 选定与要删除的单元格、行或列→选择"布局"选项卡→单击"行和列"组中的"删除"下拉命令按钮，在图 4-40（b）所示的删除操作列表中选择相应的删除命令。

② 或使用"表格工具"选项卡的"设计"选项卡中"绘制边框"组中的"擦除"命令。

③ 或在表格中单击鼠标右键，在快捷菜单中选择"删除单元格"，在弹出的对话框中选相应命令即可，如图 4-40（c）所示。

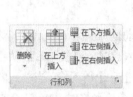

（a）"行和列"组　　　　（b）"删除"操作列表　　　（c）快捷菜单的"删除单元格"对话框

图 4-40　表格的插入与删除

（3）删除表格中的内容

选定要删除的表格项（单元格、行、列或整表），按 Delete 键。

4．调整表格

（1）表格的移动和缩放

移动：把鼠标指针移到"移动控点"⊞上，按住左键拖动到所需的位置即可。

缩放：把鼠标指针移到"缩放控点"□上，拖动鼠标即可调整整个表格的大小。在缩放的同时，按住 Shift 键可保持表格的长宽比例不变。

（2）调整表格的行高和列宽

调整表格的行高和列宽常用方式有以下几种。

① 移动鼠标至需要调整的表格边框线上，待鼠标指针变成双向分隔箭头时，拖动鼠标则可调整至自定义大小。

② 分别拖动水平和垂直标尺上的对应滑块即可。

③ 打开"表格工具"选项卡的"布局"选项卡，在"单元格大小"组中单击"自动调整"按钮，在打开的下拉列表中选择相应的命令，如图 4-41（a）所示。

④ 在表格中单击鼠标右键，在弹出快捷菜单中选择"自动调整"，也能打开图 4-41（a）所示的菜单项。

⑤ 打开"表格工具"下的"布局"选项卡，单击"表"组的"属性"按钮，在弹出图 4-41（b）所示的"表格属性"对话框中进行设置；或者单击"单元格大小"组的对话框启动器，也能打开图 4-41（b）所示的"表格属性"对话框。

⑥ 自定义行高列宽：打开"表格工具"选项卡的"布局"选项卡，在"单元格大小"组的中的"行高"或"列宽"栏输入具体数据，即可进行调整，如图 4-41（c）所示。

⑦ 单击"表格工具"选项卡的"布局"选项卡，在"单元格大小"组的中单击"分布行"或"分布列"按钮，如图 4-41（c）所示，则会自动调整所选表格各行（或各列）具有相同的高度（宽度）。

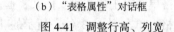

（a）"自动调整"菜单项　　　　（b）"表格属性"对话框　　　　（c）自定义设置或"分布行、分布列"

图 4-41　调整行高、列宽

有合并单元格的行、列不太适合使用此命令，一般适用于结构相同的行或列。

5. 合并、拆分单元格和拆分表格

（1）合并单元格

可将同一行或同一列中的两个或多个单元格合并为一个单元格。例如，可以横向合并单元格以创建横跨多列的表格标题；或者纵向合并单元格以创建纵向表格标题。常用方法如下。

① 选中要合并的单元格→单击鼠标右键→从快捷菜单中选择"合并单元格命令。

② 选中要合并的单元格→"布局"→单击"合并"组的"合并单元格"命令按钮。

③ 选择"布局"→单击"绘图边框"组的"擦除按钮，在要删除的分隔线上拖动。

（2）拆分单元格

① 选择要拆分的单元格→打开"表格工具"的"布局"选项卡→在图 4-42（a）所示的"合并"组中单击"拆分单元格"按钮，系统弹出"拆分单元格"对话框，如图 4-42（b）所示，设置需要拆分的列数和行数，再单击"确定"按钮即可。

（a）"合并"组　　（b）"拆分单元格"对话框

图 4-42　拆分单元格

② 或选择要拆分的单元格，单击鼠标右键弹出快捷菜单，选择"拆分单元格"命令。

③ 还可以选择"表格工具"→"设计"选项卡→"绘图边框"组→单击"绘制表格"命令按

钮 ，直接在要拆分的单元格中画出分隔线。

（3）拆分表格

① 将光标定位到要拆分的表格的行内，打开"表格工具"选项卡的"布局"选项卡，在"合并"组中单击"拆分表格"按钮，即可将一个表格拆分成两个表格。

② 或将光标定位到要拆分的表格的行内末尾结束箭头处，按 Ctrl+Shift+Enter 组合键。

6. 单元格对齐和文字方向

（1）设置单元格对齐

默认情况下，Word 将文字与单元格的左上角对齐。用户可更改单元格中文字的对齐方式：垂直对齐（顶端对齐、居中或底端对齐）和水平对齐（左对齐、居中或右对齐）。

① 选择需要调整对齐方式的单元格→选择"布局"选项卡→在图 4-43（a）所示的"对齐方式"组中，单击所需的"文字对齐方式"按钮即可。

② 选择需要调整对齐方式的表格单元，单击鼠标右键，从弹出的快捷菜单中选择执行"单元格对齐方式"命令，在列表中单击所需要的对齐方式按钮即可。

（2）设置文字方向

默认情况下，Word 横向排列表格单元格中的文字。使文字垂直显示的操作方法如下。

① 选择待更改文字方向的单元格，单击图 4-43（a）所示的"布局"选项卡上"对齐方式"组中的"文字方向"切换命令按钮。

② 选择待更改文字方向的单元格，单击鼠标右键，从弹出的快捷菜单中选择执行"文字方向"命令，在弹出的"文字方向-表格单元格"对话框中进行选择，单击"确定"按钮，如图 4-43（b）所示。

例：利用"文字方向"使表内某单元格的文字竖排成为纵向表格标题，如图 4-43（c）所示。

操作：本例将"系别"下方同列中的 3 个单元格合并，输入"计算机系"，然后选择"表格工具"→"布局"→"对齐方式"→"文字方向"切换按钮，将"计算机系"设置成纵向表格标题。

系别	班级	人数
计算机系	计 161	60
	计 162	56
	计 163	58

（a）"对齐方式"组　　　（b）"文字方向-表格单元格"对话框　　　（c）竖排表内文字示例

图 4-43　表格内文字方向及对齐方式

7. 表格样式、边框和底纹

（1）设置表格样式

Word 2010 表格默认样式为"普通"，同时提供多种内置样式，供用户快速套用。将鼠标指针定位在表格内，打开"表格工具"→"设计"选项卡→单击"表格样式"右侧下拉按钮，如图 4-44 所示，任选"内置"样式。如果这些样式都不满足要求，还可单击该下拉列表最底部的"修改表格样式、新建表格样式、清除"进行操作，如图 4-45 所示。

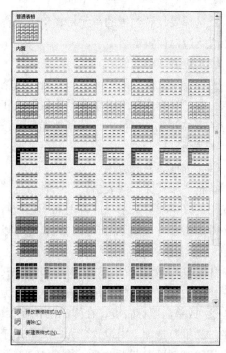

图 4-45　"表格样式"下拉列表

图 4-44　"表格样式"组

（2）设置表格边框

选择要设置边框的单元格，打开"表格工具"选项卡的"设计"选项卡，在"表格样式"组中单击"边框"右侧的下拉按钮，可直接选择自己需要的框线样式，或从该下拉列表的最底部选择"边框和底纹"命令，如图 4-46（a）所示。

也可以在选择好要设置边框的单元格后，在"开始"→"段落"组→单击 图标右侧的下拉按钮，如图 4-46（b）所示，即可弹出与图 4-46（a）相同的列表。

（a）"设计"→"边框"　　　（b）"段落"→"边框"

图 4-46　两种不同的打开"边框"下拉列表的方式

或选择要设置边框的单元格，单击鼠标右键，选择"边框和底纹"命令进行边框设置也可。

（3）设置表格底纹

选择要设置底纹的单元格，打开"表格工具"选项卡的"设计"选项卡，在"表样式"组中单击"底纹"按钮，从弹出的下拉列表中选择相应的底纹颜色；也可单击"其他颜色"按钮进行更多颜色的设置，如图 4-47 所示。

（4）虚框表格及应用

虚框表格即无框线表格，是一种特殊形式的表格。其主要特点是虚框表格的表格线只显示在屏幕上而不会被打印出来。利用虚框表格可以将图片和文字有规则地组合在一起，还可以使一些复杂的文本排版变得简单。常用方式如下。

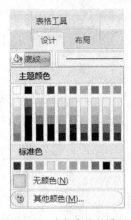

图 4-47　表格底纹的设置

① 选中需要设置成虚框表格的单元格，在"表格工具"的"设计"选项卡的"表格样式"组中单击"边框"右侧的下拉按钮，选择"无框线"。

② 或单击鼠标右键，在弹出的快捷菜单中选"边框和底纹"，在弹出的"边框和底纹"对话框的"边框"选项卡中设置"无"，"应用于"→"表格"即可。

以论文封面的排版为例，图 4-48（a）使用空格加下划线的普通排版方式，由于从"题目"到"指导老师"中的各项信息内容的文字数不定长，调整每项下划线右对齐的操作很烦琐；而图 4-48（b）在该处使用虚框表格加分散对齐来处理，对下划线的处理直接将该单元格边框设置为"下框线"，既美观、又容易。

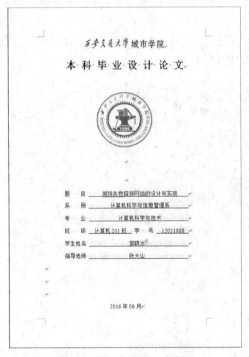

（a）用空格加下划线方式排版

（b）用虚框表格排版

图 4-48　普通排版和应用虚框表格对比

注意

图 4-48（b）为了显示清晰，使用了"表格工具"→"布局"→"表"组→"查看网格线"来显示表格内的虚框，如图 4-49 所示。因此右图无框线部分显示为浅蓝色点划虚线状，实际打印时，这些点划虚线不显示。

图 4-49　查看网格线

8. 跨页断行、标题行重复

当表格某行的高度太高时，会导致该行出现显示在两页上的问题；有时由于表格太长，需多页显示，会造成后续页上无标题行的问题。Word 2010 这些问题，可设置跨页断行和标题行重复。

（1）设置表格"跨页断行"：选择表格，单击"表格工具"→"布局"选项卡→"单元格大小"组的对话框启动器，在"表格属性"对话框的"行"选项卡中，选择"允许跨页断行"复选框，如图 4-50 所示，单击"确定"按钮。

（2）设置表格"标题行重复"：选定要作为表格标题的一行或多行（选定内容必须包括表格的第一行）→选择"布局"选项卡上的"数据"组→单击"重复标题行"命令按钮，如图 4-50 所示；或在图 4-51 所示的"表格属性"对话框的"行"选项卡中，选择"在各页顶端以标题行形式重复出现"复选框，单击"确定"按钮。

图 4-50　重复标题行　　　　图 4-51　设置"跨行断页"/"标题行重复"

9. 绘制表头

表头是指表格第一行第一列的单元格，Word 2010 中可以使用斜下框线绘制表头。

绘制时，先将表头的行高和列宽拖曳到合适的大小，再将插入点定位在表头处，选择"表格工具"→"设计"选项卡→"表格样式"组的"边框"，在弹出的下拉菜单中选择"斜下框线"，然后输入"行标题""列标题"，并将它们排列合适。示例如图 4-52 所示。

成绩　　姓名	毛概	高数	体育
黎明远	82	76	90
张晓华	72	60	88
吴晓敏	95	80	92
王黎明	72	60	88

图 4-52　使用斜下框线绘制表头

10. 表格与文本的相互转换

（1）表格转换成文本

Word 2010 可以将文档中的表格内容转换为由逗号、制表符、段落标记或其他字符分隔的普通文本。先将光标定位在需要转换为文本的表格中，选择"表格工具"→"布局"选项卡→在"数据"组中单击"转换为文本"命令，弹出图 4-53（a）所示的"表格转换成文本"对话框，进行相应的设置即可（"其他字符"可输入自定义字符用于文本分隔）。

（2）文本转换成表格

对于结构较规则、分隔较有序的文本，可使用 Word 方便地将其转换成表格。先选定需要转换成表格的文本，选择"插入"选项卡→"表格"组→单击下拉按钮→在弹出的下拉列表中选择"文本转换成表格"命令，弹出图 4-53（b）所示的"将文字转换成表格"对话框，其中各项内容如下。

表格尺寸："列数"是可选项，当某行文本中的分隔符个数小于"列数"时，转换时会自动追加空白列；"行数"呈灰度显示，表示非可选项，根据所选文本块包含的段落标记个数而确定表格是几行。

（a）表格转换成文本　　　　　　　（b）文本转换成表格

图 4-53　表格与文本的相互转换

自动调整：可对表格的行高和列宽进行格式化。"固定列宽"可设置表格列宽为"自动"或自定义 N 厘米，"根据内容调整表格"指表格的行高和列宽度根据内容多少自动调整，"根据窗口调整表格"指根据当前编辑窗口的大小自动调整表格的大小。

文字分隔位置：单击单选框确定要使用的分隔符，对话框中就会按选定文本块所包含的该类分隔符个数自动出现对应的列数。

4.3.3　排序和计算

1. 对表格中的数据进行排序

Word 2010 表格支持按笔划、数字、日期、拼音 4 种类型对表中的数据进行排序。操作时：先选定表格中需要进行排序的数据，单击"表格工具"→"布局"选项卡上"数据"组中的"排序"命令按钮，系统即弹出"排序"对话框；然后在主要关键字、次要关键字和第三关键字区域的下拉列表中选择合适的选项（即最多可对 3 列进行排序）；最后单击"确定"按钮。

例：对前面所述的学生成绩表进行排序。要求：先将学生信息按"政治"成绩由高到低排列；若出现政治成绩相同，再按"姓名"拼音由 A 到 Z 排列。两次排序时各选项的设置参考图 4-54

（a），第 1 次排序后的结果如图 4-54（b）所示，第 2 次排序后的结果如图 4-54（c）所示。

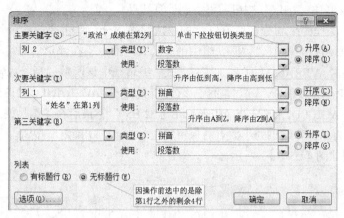

（a）两次排序时各选项的设置

成绩 姓名	政治	高数	体育
吴晓敏	95	80	92
黎明远	82	76	90
张晓华	72	60	88
王黎明	72	60	88

成绩 姓名	政治	高数	体育
吴晓敏	95	80	92
黎明远	82	76	90
王黎明	72	60	88
张晓华	72	60	88

（b）按"政治"成绩降序排列的结果　　　　　　（c）按"姓名"拼音升序排列结果

图 4-54　排序示例与排序结果

2. 对表格中的数据进行计算

Word 表格中的单元格名称和 Excel 中的单元格命名规则一样，也是"列"用英文大写字母 A、B、C…表示，"行"用阿拉伯数字 1、2、3…表示，单元格用列、行标记混合表示，比如 C5 表示第 3 列第 5 行的单元格，只是它的行号和列标都是隐藏的。

在 Word 中可对表格中的数据进行计算，常用的函数和单元格引用如表 4-3 所示。

表 4-3　常用函数及单元格引用示例（公式以"="开头，符号必须西文半角输入，英文大小写等价）

函数	作用	公式	说明
MAX	求最大值	=MAX（C5:G5）	求 C5 至 G5 单元格中的最大值
MIN	求最小值	=MIN（B3:F3）	求 B3 至 F3 单元格中的最小值
AVERAGE	求平均	=AVERAGE（B3:F3）	求 B3 至 F3 单元格中的平均值
SUM	求和	=SUM（C4, D2, E3）	求 C4, D2, E3 三个单元格中的数据之和

例：以前面所述的成绩表为素材，计算每个学生的总成绩、各门课程的平均分和所有学生的总成绩平均分。

操作步骤如下。

（1）计算每个学生的总成绩：单击要放置计算结果的单元格→"表格工具"→"布局"→单击"数据"组中的"公式"命令，弹出图 4-55（a）所示的对话框；在"公式"框中输入公式"=SUM（LEFT）"（本例中该公式等价于"=SUM（B2:D2）""=SUM（B3:D3）""=SUM（B4:D4）"　"=SUM

（B5:D5）"）；或在"粘贴函数"的列表框里选择相应的函数，并输入相关参数（用于计算的值所在的单元格区域），单击"确定"按钮即可得到计算结果。

（2）计算各门课程的平均分和所有学生的总成绩平均分：单击要放置计算结果的单元格→"表格工具"→"布局"→单击"数据"组中的"公式"命令，在弹出的对话框中"粘贴函数"的下拉列表处选择"AVERAGE"函数，在"公式"编辑框中该函数的括号内输入要计算的单元格区域，如"=AVERAGE(ABOVE)"（本例中该公式等价于"=AVERAGE(B2:B5)""=AVERAGE（C2:C5）""=AVERAGE（D2:D5）""=AVERAGE（E2:E5）"）；最后在"编号格式"下拉列表中选择"0.00"格式（表示计算结果的小数点后保留两位）→单击"确定"按钮。

完成后的结果如图4-55（b）所示。

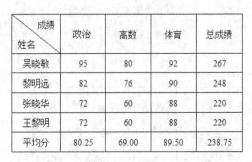

成绩\姓名	政治	高数	体育	总成绩
吴晓敏	95	80	92	267
黎明远	82	76	90	248
张晓华	72	60	88	220
王黎明	72	60	88	220
平均分	80.25	69.00	89.50	238.75

（a）公式对话框　　　　　　　　　　　　（b）计算得出的总成绩和平均分

图4-55　表格中的数据计算

注意

（1）Word 2010在打开"公式"对话框时，"公式"编辑框中会根据表格中的数据和当前单元格所在位置自动推荐一个求和公式。上例中，当插入点置于"政治"的平均分单元格时，单击"表格工具"→"布局"中的"公式"按钮，会自动推荐"=SUM(ABOVE)"，即指计算当前单元格上方的所有单元格的数据之和。我们可以单击"粘贴函数"下拉三角按钮选择合适的函数，例如求最大值函数MAX、计数函数COUNT等，也可以手工输入，注意以"="开头，且符号一定要在西文半角状态下输入即可。公式的括号中的内容用于表示计算区域的快捷参数包括4个，分别是左（LEFT）、右（RIGHT）、上（ABOVE）和下（BELOW），这些参数也可以是手工输入的单元格区域（当列标题或行标题是纯数值类型的代码时，不要使用快捷参数，否则公式会将列标题或行标题纳入计算，导致结果错误）。

（2）Word 2010的公式不能随着参与计算的值的更新而自动更新计算结果。当已有公式的表格中的数据发生修改后，可在对应的使用过该单元格数据进行计算的公式所在单元格单击鼠标右键，在弹出的快捷菜单中单击"更新域"按钮，即可更新计算结果。

4.4　对象插入及图文混编

如果一篇文章全部都是文字，没有任何修饰性的内容，这样的文档在阅读时不仅缺乏吸引力，而且会使读者阅读起来劳累不堪。在文章中适当地插入一些图形和图片，不仅会使文章、报告显得生动有趣，还能帮助读者更快地理解文章内容。Word 2010本身就带有丰富的图形供用户在编辑文档时使用，用户还可以使用插入图形文件功能将已有的其他图形文件插入Word文档中。另外，用户也可使用 Word 提供的绘图工具自己绘制图形，利用图形处理工具对图形进行缩放、剪裁、修饰和排版等操作。

Word 中插入的对象有两种形式：嵌入式对象和浮动式对象。

● 嵌入式对象的尺寸柄是实心的，只能放置到有插入点的位置，不能与其他对象叠放、组合及进行环绕（必须先转换成浮动式对象才行）。

● 浮动式对象的尺寸柄是空心的，可以置于页面的任意位置，多个浮动式对象可以叠放、排列及组合，还可进行多种形式的环绕。

表 4-4 列明了两种形式所包含的对象，我们也可以通过观察对象是否允许叠加、组合及任意改变位置快速判断是何种形式。

表 4-4　　　　　　　　　　　嵌入式对象和浮动式对象

形　　式	对　　象	默认"文字环绕"方式
嵌入式对象	图片、剪贴画、SmartArt 图形、图表、艺术字、公式	嵌入型
浮动式对象	图形、文本框	浮于文字上方

4.4.1　插入和编辑图片

文档中插入的图片有多种来源：剪贴画、计算机中的图片文件（包含扫描仪或照相机等设备导入的图片文件）等。

1. 插入图片

（1）来自文件的图片

选择"插入"选项卡→单击"插图"组中的"图片"按钮→在弹出的"插入图片"对话框中选择要插入文档的存放路径、文件名→单击"插入"按钮即可。

（2）剪贴画

剪贴画是指 Word 剪辑库中自带的图片。选择"插入"选项卡→单击"插图"组中的"剪贴画"按钮，在弹出的"剪贴画"任务窗格单击"搜索"按钮→在"搜索文字"文本框中输入关键字，并在"搜索范围"和"结果类型"下拉列表框中选择所需的选项，单击"搜索"按钮即可在任务窗格中显示符合条件的图片→单击要插入的剪贴画即可。

2. 编辑图片

选中图片或剪贴画时，其周边会出现如 1 个旋转点和 8 个控制点，用户可通过它们控制被选择的图片、剪贴画旋转或调整大小。同时，系统自动激活"图片工具"—"格式"选项卡，包含"调整、图片样式、排列、大小"4 个命令组（见图 4-56），用来调整图片的大小、亮度、对比度、版式等格式化属性，还可对它进行裁剪、水平旋转、改变边框线型等操作，其中需重点掌握的是"文字环绕"设置。另外，我们也可以在选中图片后，单击鼠标右键在弹出的快捷菜单中选择相应的编辑命令对图片进行编辑。

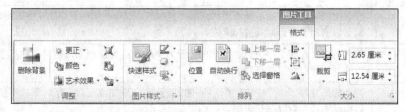

图 4-56　"图片工具"—"格式"选项卡

（1）更改图片位置

图片在文档中的位置主要包括"嵌入文本行"与"文字环绕"两类。更改图片位置的步骤如下：选择图片→"图片工具"→"格式"→单击"排列"组中的"位置"下拉按钮，在图 4-57（a）所示的下拉列表中选择图片的位置。

另外，也可在"位置"下拉列表中单击"其他布局选项"，在弹出的"布局"对话框中的"位置"选项卡上进行设置，如图 4-57（b）所示。

（2）文字环绕

Word 内置的环绕方式包括嵌入型、四周型、紧密型、浮于文字上方、衬于文字下方、上下型和穿越型环绕 7 种。

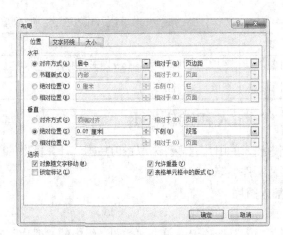

（a）"位置"下拉列表　　　　（b）"布局"对话框中的"位置"选项卡

图 4-57　更改图片位置

四周型和紧密型是把图片和文本放在同一层上，但还是将图片与文本分开来对待，图片会挤占文本的位置，使文本在页面上重新排列。四周型和紧密型之间的区别不大，仅仅是挤占文本的程度不同而已。

浮于文字上方和衬于文字下方是把图片和文本放在不同的图文层上。

表 4-5 列明了选择"文字环绕"下拉列表中各类型的图片与文字的环绕方式。

表 4-5　　　　　　　　　　　　　　　　"文字环绕"下拉列表及说明

环绕方式	说　　明
嵌入型	将图片作为文本插入段落中。当添加或删除文字时，图片会随之移动。可以按照拖动文本的方式来拖动图片，以对其进行定位
四周型	沿着围绕图片的一个正方形的四条边环绕文字。添加或删除文字时图形不会移动，但可以拖动图片以对其进行定位
紧密型	沿着围绕实际图片的不规则形状在图片周围环绕文字。添加或删除文字时图形不会移动，但可以拖动图片以对其进行定位
衬于文字下方	插入的图片衬于文字下方，图片周围没有边框。添加或删除文字时图片不会移动，但可以拖动图片以对其进行定位
浮于文字上方	插入的图片浮于文字上方，图片周围没有边框。添加或删除文字时图片不会移动，但可以拖动图片以对其进行定位

环绕方式	说　明
穿越型	围绕着图片环绕文字,包括填充由凹形状形成的空间。添加或删除文字时图片不会移动,但可以拖动图片以对其进行定位
上下型	禁止文字环绕在图片的两侧。添加或删除文字时图片不会移动,但可以拖动图片以对其进行定位

更改图片环绕方式的方法如下。

方法 1:单击图片→选择"图片工具"→"格式"选项卡→单击"排列"组中的"自动换行"下拉按钮,在弹出的子菜单中选择环绕方式,如图 4-58(a)所示。或鼠标右键单击图片→在弹出的快捷菜单中选择"自动换行"也可弹出子菜单。

方法 2:单击图片→选择"图片工具"→"格式"选项卡→单击"排列"组中的"位置"下拉按钮,单击"其他布局选项"按钮,在弹出的"高级版式"对话框中的"文字环绕"选项卡上进行设置,如图 4-58(b)所示。

　　(a)"自动换行"下拉列表　　　　　　　(b)"布局"对话框中的"文字环绕"选项卡

图 4-58　更改环绕方式

　　　如果将图片设为"衬于文字下方"环绕方式,则会产生水印效果。此后要对其修改,不能直接通过单击选取,必须在"开始"选项卡上的"编辑"组单击"选择"按钮,在下拉列表中单击"选择对象",然后单击选取图片,才可进行修改。

(3)图片剪裁

单击图片→选择"格式"选项卡→单击"大小"组中的"裁剪"按钮,此时图片上出现 8 个裁剪控制柄,拖动任意一个控制柄即可对图片进行裁剪。

4.4.2　插入形状

Word 2010 包含一套可以手工绘制的现成形状,包含线条、基本形状、箭头总汇、流程图、标注、星与旗帜,统称为自选图形,用户只需通过鼠标拖动来完成绘制。

(1)绘制形状

选择"插入"选项卡→单击"插图"组上的"形状"下拉按钮,在图 4-59(a)所示的下拉列表中选择所需选项，鼠标指针变为"+"状，并在编辑区拖曳鼠标即可绘制所需的形状。

注意

若在绘制矩形或椭圆时按住 Shift 键，则绘制出的是正方形或者正圆；若在绘制直线时按住 Shift 键，则绘制出的是水平、竖直线或与水平成 15°、30°、45°、60°、75°、90°的直线。若按住 Ctrl 键，可绘制出从中心向外扩散的形状。

（2）设置形状格式

当用户单击绘制的形状时，系统自动激活"绘图工具"中的"格式"选项卡，包含"插入形状、形状样式、阴影效果、三维效果、排列、大小"6 个命令组，用于设置自选形状的格式，如图 4-60 所示。

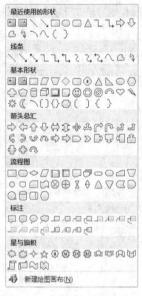

（a）"形状"下拉列表　　　　（b）阴影效果

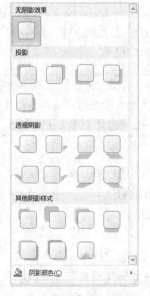

（c）"形状"下拉列表　　　　（d）三维效果

图 4-59　形状的绘制与设置

为形状设置阴影效果：选择形状→选择"格式"选项卡→单击图 4-59（b）所示的"阴影效果"组上的"阴影效果"下拉按钮，在图 4-59（c）所示的下拉列表中选择所需选项，并进行颜色方面的相关设置。

图 4-60　"格式"选项卡

为形状设置三维效果：选择形状→选择"格式"选项卡→单击图 4-59（d）所示的"三维效果"组上的"三维效果"下拉按钮，在下拉列表中选择所需选项。

用户还可以根据自己的需求进行颜色、方向、深度光照效果及表面材质效果等方面的相关设置，设置方法同阴影或三维效果。

4.4.3　插入艺术字

艺术字是指使用现成效果创建的特殊文本对象。

插入艺术字：在"插入"选项卡的"文本"组中，单击"艺术字"按钮，在弹出的下拉列表（如图 4-61（a）所示）中选择一种艺术字样式，在弹出的"请在此放置您的文字"对话框中录入艺术字内容即可。

对艺术字进行更多设置：选中艺术字，在"绘图工具"→"格式"选项卡→"艺术字样式"组，可更换艺术字的样式、设置文本填充、文本轮廓、文本效果等，如图 4-61（b）所示。在文本效果下拉列表中，还可在"转换"列表中选择多种形状，如图 4-61（c）所示。

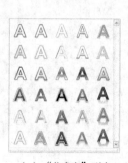

（a）"艺术字"列表

（b）"艺术字样式"组

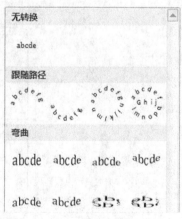

（c）"转换"列表

图 4-61　插入艺术字

单击图 4-61（b）右下角圈示的艺术字样式对话框启动器，系统自动激活"设置文本效果格式"对话框，可方便地对文本填充、文本边框、轮廓样式、阴影、映像、发光和柔化边缘、三维格式、三维旋转、文本框等进行设置。同时，还可以单击"绘图工具"→"格式"选项卡"排列"

组→"自动换行"按钮设置环绕形式；通过拖动艺术字四周的尺寸柄，调整艺术字的大小和角度。

艺术字是图形对象，不能作为普通文本，在大纲视图中无法查看其文字效果，也不能像普通文本一样进行拼写检查。

4.4.4 插入文本框

文本框是一种图形对象，它作为存放文本或图形的容器，可置于页面中的任何位置，并可随意地调整其大小。Word 2010 提供了多种内置文本框样式。

1. 内置文本框

在"插入"选项卡的"文本"组中，单击"文本框"按钮，在弹出的下拉列表中选择一种内置的文本框样式（见图 4-62），即可弹出对应样式的文本框，在文本框中添加内容即可。此时，系统自动激活"文本框工具"的"格式"选项卡，可以对文本框的文本、样式、阴影效果、三维效果、排列方式和大小等进行具体设置；也可单击鼠标右键在弹出的快捷菜单中选择相应的编辑命令。

图 4-62 "内置"文本框列表

2. 自定义文本框

除了插入系统提供的内置文本框之外，用户还可以根据需要，在文档中插入横排文本框（即

"绘制文本框"命令）或竖排文本框（即"绘制竖排文本框"命令）。操作时，在"插入"选项卡的"文本"组中，单击"文本框"按钮，在弹出的下拉列表中选择"绘制文本框"或"绘制竖排文本框"选项。此时鼠标指针变成"+"字形状，将光标定位到预插入文本框的位置后，单击鼠标左键即出现所需的文本框；或在合适的位置拖动鼠标左键在文档中绘制对应的横排或竖排文本框即可。

4.4.5　插入 SmartArt 图形

SmartArt 图形是信息和观点的视觉表示形式。可以通过从多种不同布局中进行选择来创建 SmartArt 图形，从而快速、轻松、有效地传达信息。SmartAtr 图形分为列表、流程、循环、层次结构、关系、矩阵和棱锥图 7 类，各类图形的主要用途如表 4-6 所示。

表 4-6　　　　　　　　　　　　　　　　SmartArt 图形的用途

类　型	用途说明
列表	显示无序信息
流程	在任务、流程或日程表中显示步骤
循环	显示连续的流程
层次关系	显示决策树/创建组织结构图
关系	图示连接
矩阵	显示各部分如何与整体关联
棱锥图	显示与顶部或底部最大部分的比例关系

1．创建 SmartArt 图形

选择"插入"选项卡→单击"插图"组上的"SmartArt"按钮，弹出图 4-63 所示的"选择 SmartArt 图形"对话框→选择所需的类型及布局，在右侧的预览框中显示所选择的 SmartArt 图形的效果→单击"确定"按钮完成创建操作。

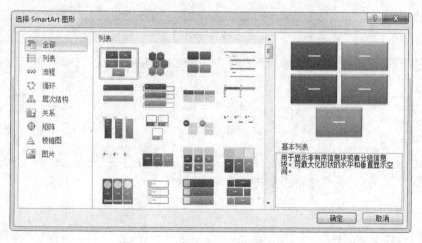

图 4-63　"选择 SmartArt 图形"对话框

2．输入文字

在 SmartArt 图形中输入文字的方法有两种：在新创建的 SmartArt 图形的"[文本]"字样

处单击鼠标左键即可输入文字；单击 SmartArt 图形左侧边框中部的折叠按钮，在展开的"在此处键入文字"对话框的"[文本]"字样处输入即可。

 某些 SmartArt 图形中只显示"文本"窗格中的部分文字，这是因为 SmartArt 图形包含的形状个数是固定的。未显示的文字、图片或其他内容在"文本"窗格中用一个红色的×标识。如果切换到另一种布局，则未显示的内容仍然可用；但如果保持并关闭当前的同一个布局，则不保存未显示的内容（详见素材中的 SmartArt 图形示例）。

3. 编辑 SmartArt 图形

用户创建或选择一个 SmartArt 图形后，系统会自动激活"SmartArt 工具"，包含"设计"及"格式"两个选项卡，通过这两个选项卡中的功能组、命令按钮和列表框来对 SmartArt 图形的布局、颜色和样式等进行编辑与设置。

在图 4-64（a）所示的"设计"选项卡中，"添加形状"按钮的下拉列表中可以选择 SmartArt 图形添加形状的位置；"布局"功能组区中的按钮可以为 SmartArt 图形重新定义布局样式；"SmartArt 样式"功能组区中的"更改颜色"按钮的下拉列表中可以为 SmartArt 图形重新设置颜色，"SmartArt 样式"功能组区中的其他按钮用来设置 SmartArt 图形的样式，使用"重设图形"按钮将取消所有对 SmartArt 图形的设置，使 SmartArt 图形恢复到刚插入式的初始状态。

在图 4-64(b)所示的"格式"功能选项卡中，"形状样式"功能组区中的按钮用来改变 SmartArt 图形中每个框体的外观样式。"形状填充"和"文本填充""形状效果"和"文本效果"的区别在于其设置的主体不同，设置效果是一样的。即："形状填充"和"形状效果"是对 SmartArt 图形每个框体的设置，"文本填充"和"文本效果"是对框体中文字的设置。

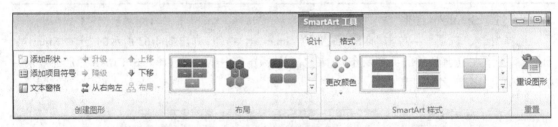

（a）"设计"选项卡

（b）"格式"选项卡

图 4-64　SmartArt 工具

4.4.6　插入公式

使用 Word 2010 提供的公式编辑功能，可以在文档中插入一个较复杂的数学公式，方便用户的使用。

1. 内置公式

选择"插入"选项卡中"符号"组→单击"公式"下拉按钮，在图 4-65（a）所示的下拉列表中选择要插入的数学公式→编辑公式即可。

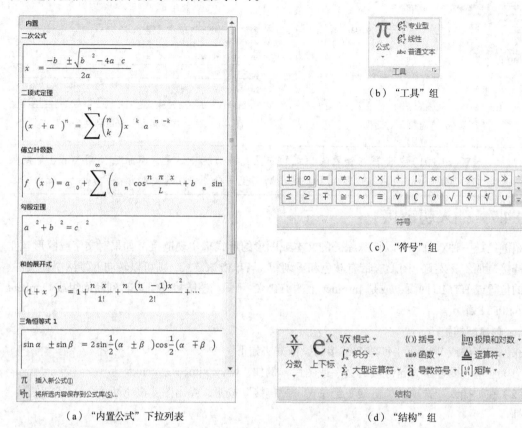

（b）"工具"组

（c）"符号"组

（a）"内置公式"下拉列表

（d）"结构"组

图 4-65 "格式"选项卡

插入公式或选定公式后，系统自动激活"公式工具"的"设计"选项卡，可对公式进行编辑；也可单击鼠标右键在弹出的快捷菜单中选择相应的编辑命令。

2. 自定义公式

除了插入系统提供的常见内置公式以外，用户还可以根据需要，在文档中插入自定义公式。单击图 4-65（a）中的"插入新公式"选项，则弹出"在此键入公式"提示框。此时，系统自动激活"公式工具"的"设计"选项卡，用户可在"工具"组、"符号"组和"结构"组完成操作，如图 4-65（b）、（c）、（d）所示。

3. 公式编辑器

在文档中还可以使用公式编辑器插入公式。

在"插入"选项卡的"文本"组中，单击"对象"按钮，则打开图 4-66 所示的"对象"对话框的"新建"选项卡，在"对象类型"列表框中选择"Microsoft 公式 3.0"选项，再单击"确定"按钮，则打开"公式编辑器"窗口并显示"公式"工具栏，如图 4-67 所示。此时，在"公式编辑器"的文本框中进行相应公式编辑，若在文本框外任意处单击，即可返回原来的文本编辑状态。

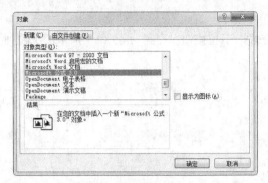

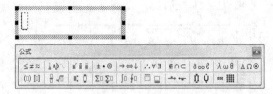

图 4-66 "对象"对话框   图 4-67 "公式编辑器"窗口和"公式"工具栏

注意

　　Word 2010 包含写入和更改公式的内置支持功能。但是，如果已使用 Word 早期版本中的 Microsoft 公式 3.0 写入了公式，则需使用公式 3.0 来更改该公式。

4.4.7 插入超链接

　　超链接是一种对象，它以特殊编码的文本或图形的形式来实现链接。如果对文字或图形建立了超链接，那么该文字或图形应带有颜色和下划线；若单击该链接，则可以转向万维网中的文件、文件的位置或 HTML 网页，或是 Intranet 上的 HTML 网页。超链接还可以转到新闻组或 Gopher、Telnet 和 FTP 站点。

1. 创建超链接

　　在原有文件或 Web 页中创建超链接的操作方法如下。

　　（1）选择想要显示为超链接的文字或图片，例如，www.xjtucc.edu.cn。

　　（2）在"插入"选项的"链接"组单击"超链接"按钮，弹出图 4-68 所示的"插入超链接"对话框。

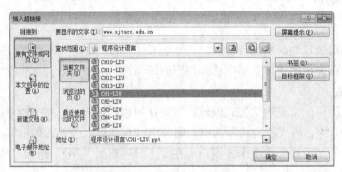

图 4-68 "插入超链接"对话框

　　（3）在"插入超链接"对话框的"查找范围"栏选择超链接源文件夹，在"当前文件夹"栏中选择超链接源文件名，单击"确定"按钮。

注意

　　在目标文档中要插入的源文件可以是"本文档中的位置""新建文档"或"电子邮件地址"，通过单击"插入超链接"对话框的左侧按钮，进行源文件位置的选择。

2. 修改超链接

　　选择被超链接的文字或图片，单击"插入"选项卡上"链接"组中的超链接象按钮（或单击鼠标右键打开快捷菜单，再单击"编辑超链接"选项），打开"编辑超链接"对话框，在该对话框中重新进行设置。

3. 取消超链接

单个取消：选择被超链接的文字或图片，单击"超链接"按钮（或单击鼠标右键打开快捷菜单，单击"编辑超链接"选项），打开"编辑超级链接"对话框，单击右下角的"删除链接"按钮，可删除该超链接。

批量取消：批量取消的方式很多，这里介绍最简便的一种。选定需批量取消超链接的文本块，按组合键 Ctrl+Shift+F9 即可取消。

4.4.8　对象的链接和嵌入

对象的链接与嵌入（Object Linking and Embedding）技术简称 OLE。在 Word 2010 文档中，通过链接对象和嵌入对象，可以在文档中插入利用其他应用程序创建的对象，从而达到程序间共享数据和信息的目的。

1. 基本概念

对象：指文字、图表、图形、数学公式、数据库或其他形式的信息。例如在一个 Word 文档中创建一个 Visio 图形对象，双击该对象便可以用 Visio 对该图进行修改。

源文件：提供信息（对象）的文件称为源文件。

目标文件：接受信息（对象）的文件称为目标文件。

链接：在目标文件中仅存放链接文件的地址，并显示链接对象的外观。若更新源文件，则等价目标文件中的链接对象也得到更新，故链接方式适合于随时变化的共享数据。断开链接对象是指切断源文件与目标文件之间的关联。断开后的链接对象形成图文，将按图文方式处理。

嵌入：将对象嵌入（复制）到目标文件中。一旦嵌入，该对象成为目标文件的一部分。在目标文件中，用鼠标双击嵌入对象可对该对象内容进行修改，但源文件内容不会发生变化。对源文件内容进行编辑修改，目标文件中嵌入对象的内容不会发生变化。

2. 建立对象链接、编辑和更新链接对象

（1）建立对象链接

将光标移到需要插入链接对象的文本区，选择"插入"选项卡→单击"对象"下拉按钮→在下拉列表框中单击"对象"按钮，弹出"对象"对话框→选择"由文件创建"选项卡，如图 4-69 所示。在"对象"对话框中，单击"浏览"按钮，在弹出的"浏览"对话框中，选择链接对象（源）文件名后，单击"插入"按钮；回到"对象"对话框中复选"链接到文件"或"显示为图标"选项，单击"确定"按钮。

（2）编辑链接对象

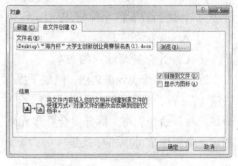

图 4-69　"对象"对话框

双击链接对象视图区，进入源应用程序窗口；在源应用程序窗口中编辑源文件内容；结束编辑时，单击源应用程序窗口之外的任意位置。

（3）更新/阻止更新链接对象

默认情况下，链接的对象自动更新。这意味着，每次打开 Word 文件或在 Word 文件打开的情况下更改源 Visio 文件的时候，Word 都会更新链接的信息。但是用户可以通过更改单个链接对象

的设置，使得不更新链接的对象，或仅在文档阅读者选择手动更新链接的对象时才对其进行更新。

① 手动更新链接的对象：鼠标右键单击链接的对象→在弹出的快捷菜单中选择"链接的文档对象"（或 visio 对象等）→"链接"（见图 4-70），打开"链接"对话框（见图 4-71）。在"所选链接的更新方式"下，选择"手动更新"，或者按 Ctrl+Shift+F7 组合键。

图 4-70 "链接的文档对象"快捷菜单

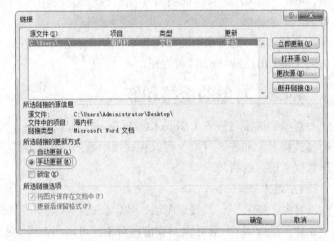

图 4-71 "链接"对话框

② 阻止 Word 自动更新所有文档中的链接：单击文件菜单中的"选项"按钮，弹出 Word 选项对话框。选择"高级"选项卡并向下滚动到"常规"类选项，将复选框"打开时更新自动链接"清除，即不勾选复选框"□"。

4.5 习 题

一、选择题

1. 在 Word 的编辑状态下，若光标停在某个段落中的任意位置时，用户设置字体格式为"幼圆小三"，则所设置的字体格式应用于（   ）。

    A. 光标所在段落　　　　　　　　　　　B. 光标后的文本

    C. 光标处新输入的文本　　　　　　　　D. 整个文档

2. 新建一个 Word 文档，做如下操作：①在文档中插入一个 3 行 2 列的表格；②选中第 2 列的第 1、2 行，单击"表格"菜单的"合并单元格"命令；3）选中第 3 行，单击"表格"菜单"拆分单元格"命令，将"拆分前合并单元格"前面的勾去掉，"列数"填写 4，"行数"填写 2，单击确定。最终生成的表格样式是（   ）。

A.
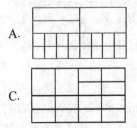

B.
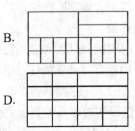

C.

D.

3. 在 Word 2010 编辑状态下，若要将另一个文档的内容全部添加到当前文档的光标所在处，其操作是（　　　）。

    A. 在"插入"功能卡上选择"超链接"命令

    B. 在"插入"功能卡上选择"文件"命令

    C. 在"开始"功能卡上选择"超链接"命令

    D. 在"开始"功能卡上选择"新建"命令

4. 若要将文档中选定的文字移动到文档的另一个位置上，应该按（　　　），将选定的文字拖曳至该位置上。

    A. Ctrl 键　　　　　　B. Alt 键　　　　　　C. 鼠标左键　　　　　　D. 鼠标右键

5. 使用 Delete 键会删除光标（　　　）字符；若移动鼠标至某段左侧，当鼠标光标变成箭头时连击左键三下，结果会选中文档的（　　　）。

    A. 前的一个　　　　B. 后的一个　　　　C. 前的全部　　　　D. 后的全部

    E. 一个句子　　　　F. 一行　　　　　　G. 一段　　　　　　H. 整篇文档

6. 在 Word 2010 中，按回车键将产生一个（　　　）。

    A. 分页符　　　　　　B. 分节符　　　　　　C. 段落结束符　　　　D. 换行符

7. 如果要打印文档的第 3、第 8 和第 10 至 14 页，则在打印对话框中的"页码范围"的文本框中应输入（　　　）。

    A. 3/8/10-14　　　　B. 3/8/10-14　　　　C. 3，8，10-14　　　　D. 3,8,10-14

8. 在 Word 中打开英文文档或者在文档中输入英文信息时，系统会自动对拼写和语法进行检查，如果出现红色波形下划线则表示存在（　　　）。

    A. 可能的语法问题　　　　　　　　　　B. 可能的拼写问题

    C. 可能的页面错误　　　　　　　　　　D. 可能的版式错误

9. 在打印预览中发现文档最后一页只有一行，若要把它提到上一页，可行方法是（　　　）。

    A. 增大行间距　　　　　　　　　　　　B. 增大页边距

    C. 减小页边距　　　　　　　　　　　　D. 将页面方向改为横向

10. 如果要使 Word 2010 编辑的文档可以用 Word 2003 打开，正确的方法是（　　　）。

    A. 执行操作"另存为"→"Word97-2003 文档"

    B. 将文件后缀名直接改为".doc"

    C. 将文档直接保存即可

    D. 按 Alt+Ctrl+S 组合键进行保存

11. 在 Word 中，下列关于"节"的叙述，正确的是（　　　）。

    A. 一节可以包含一页或多页　　　　　　B. 一节之间不可以继续分节

    C. 节是章的下一级标题　　　　　　　　D. 一节就是一个新的段落

12. 在 Word 编辑状态下，若要使文字绕着插入的图片排列，应该先（　　　）。

    A. 插入图片，再设置环绕方式

    B. 插入图片，再调整图形比例

    C. 建立文本框，插入图片，再设置文本框位置

    D. 插入图片，再设置叠放次序

13. 在 Word 中打开一个"文档 1.DOC"，然后在"文件"下进行"新建"空白文档操作，则（　　）。

    A. 文档 1.DOC 被关闭，生成新建文档

    B. 已有文档 1.DOC，不能生成新建的文档

    C. 两个文档都会被同时关闭

    D. 文档 1.DOC 和新建的文档都处于打开状态

14. 在 Word 中，下列关于"项目符号和编号"的叙述不正确的是（　　）。

    A. 项目符号和编号可在段落格式中进行设置

    B. 可以设置项目编号的起始号码

    C. 可以自定义项目符号的字符

    D. 可以自定义项目符号和编号的字体颜色

15. Word "格式"菜单下的字体命令不可以设置（　　）。

    A. 字符间距   B. 上划线线型   C. 文字效果   D. 字体颜色

16. 在 Word 中，下列关于插入页码的叙述不正确的是（　　）。

    A. 可以将页码插入到页面右下方

    B. 可以将页码插入到页面顶端居中

    C. 页码的插入只能从文档的首页开始

    D. 页码的数字格式可以选用 I、II、III、…

17. 在 Word 中，下列关于分栏操作的叙述正确的是（　　）。

    A. 分栏只能应用于整篇文档

    B. 各栏间的间距是固定的，不能修改

    C. 各栏的宽度必须相同

    D. 设置分为 2 栏时，可以设置栏偏左或偏右

18. 下列叙述不正确的是（　　）。

    A. Word 模板的文件类型与普通文档的文件类型是相同的

    B. Word 打印预览中可以对所预览的文档大小进行缩放

    C. Word 文档纸张的类型可以选择为横向或者纵向

    D. 在文档中插入的图片、图形都是 Word 中的对象

19. 下列关于在 Word 中文字和表格之间转换的叙述，正确的是（　　）。

    A. 文字和表格不能进行转换   B. 文字和表格可以相互转换

    C. 只能将文字转换成表格   D. 只能将表格转换成文字

20. 在 Word 页眉编辑状态下，不能设置的格式是（　　）。

    A. 页码   B. 分栏   C. 艺术字   D. 插入形状

二、简答题

1. 文档有哪几种视图方式？各有什么特点？

2. 分隔符共有几种？分节符和分页符有什么区别？试举出三种分节符，并简要说明其用途。

3. 试述段间距和行间距的区别。设置行距有哪些选项？

4. 在文档中插入图形有哪些操作？编辑图片有哪些操作？将图形组合起来需要注意什么？

三、案例分析与应用

1. 某公司领导班子成员主要包括总经理、副总经理、技术总工、行政总监和营销总监，其中各成员的管理对象如下：

- 总经理，管理副总经理、技术总工、行政总监和营销总监；
- 副总经理，管理技术总工、行政总监和营销总监；
- 技术总工，负责管理研发部、技术部、生产部和质检部；
- 行政总监，负责管理综管办（即综合管理办公室）、人事部及财务部；
- 营销总监，负责管理销售部和市场部。

请选用合适的图示类型画出该公司的管理结构关系图。

分析：根据题意应选择组织结构图可以清晰地描述该公司的管理结构关系。操作方法如下。

（1）新建空白文档，将页面的纸张方向设置成"横向"。选择"插入"选项卡→单击"插图"组上的"SmartArt"按钮，弹出"选择 SmartArt 图形"对话框；

（2）在该对话框中选择"层次结构"类型中的"组织结构图"；

（3）单击"确定"按钮，显示"文本"窗格及"组织结构图"布局，在"布局"中选择设置该图为"层次结构"；

（4）单击"组织结构图"中的"文本"即可在各子框中添加文字。用户也可在"文本"窗格中添加文字，以及进行"升级、降级"操作。

（5）自定义调整图形大小和色彩，使之更美观。

注：组织结构图子框分为同事子框、下属子框和助理子框三类。其中，同事子框也称同级组织结构子框，如本题技术总工与行政总监和营销总监之间属于同级组织结构子框；下属子框即下级子框，如本题技术总工管理的研发部、技术部、生产部和质检部属于下属子框；助理子框如本题副总经理。

2. 我院理工类大一的王同学想在业余时间兼职辅导高中的英语和数学，请协助该同学制作一个"理科上门辅导"小广告，要求如下：

- 标题为黑体、二号、居中，段前段后均为 0，单倍行距。
- 正文为宋体、三号、首行缩进 2 字符，段前段后均为 0，1.5 倍行距。
- "请保留一周……"为黑体三号，其他同正文要求。
- 插入 10×1 表格用来填写电话号码，表格的高度为 5 厘米，宽度为 1.52 厘米，并将电话号码的"文字方向"改为竖排。

请读者自行分析操作，完成后如下图所示。

理科上门辅导

本人是西安交通大学城市学院在读学生，已获得交大勤工助学办公室家教部颁发的家教证。

擅长理科，有一年多的家教经验，寻找周末做兼职家教，最好是初/高中理科的需求者，酬劳面议。

有意者请拨打电话或短信留言：15212345678，王同学。

请保留一周（2016.9.15-9.22），谢谢！

15212345678	15212345678	15212345678	15212345678	15212345678	15212345678	15212345678	15212345678	15212345678	15212345678

3. 我院某班某学期的期末考试成绩如下，需计算该班级每位同学的总成绩和各课程的平均分：

课程及代码 学号	英语 301	体育 201	思政 720	C语言 156	JAVA 150	总成绩
15032001	65	75	82	79	60	
15032002	77	70	67	88	69	
15032003	96	83	85	90	93	
15032004	89	83	88	70	80	
15032005	75	80	60	90	89	
15032006	65	59	69	88	75	
15032007	83	59	93	89	65	
15032008	82	90	80	87	83	
15032009	71	82	69	78	82	
15032010	54	63	76	85	53	
平均分						

- 求和函数为 SUM。
- 求平均函数为 AVERAGE。

请读者自行分析并完成计算。

第5章
Excel 电子表格

Microsoft Excel 是办公软件 Microsoft Office 的重要组件之一。它可以进行各种数据的处理、统计分析和辅助决策操作，广泛地应用于管理、统计财经、金融等众多领域。Excel 是用来处理数据的办公软件，采用表格方式管理数据，所有的数据、信息都以二维表格形式（工作表）管理，单元格中数据间的相互关系一目了然，从而使数据的处理和管理更直观、更方便、更易于理解。除了能够方便地进行各种表格处理以外，Excel 具有一般电子表格软件所不具备的强大的数据处理和数据分析功能。它提供了包括财务、日期与时间、数学与三角函数、统计、查找与引用、数据库、文本、逻辑和信息等九大类几百个内置函数，可以满足许多领域的数据处理与分析的要求。如果内置函数不能满足需要，还可以使用 Excel 内置的 Visual Basic for Appication（也称作 VBA）建立自定义函数。Excel 具有很强的图表处理功能，可以方便地将工作表中的有关数据制作成专业化的图表，而图表是提交数据处理结果的最佳形式。通过图表，可以直观地显示出数据的众多特征。

综上所述，我们可以使用 Excel 自动计算某些数据表中的内容；将各项数据转化成一目了然的图表；或是对杂乱的数据进行处理，使其一目了然，方便分析与决策，大大提高我们的日常办公效率与质量。

5.1　电子表格的基本概念

5.1.1　基本概念

在 Excel 中首先需要搞清工作簿、工作表、单元格这几个基本概念。一个 Excel 文件就是一个工作簿（文件），而一个 Excel 文件中有若干张工作表（电子表格），每一张工作表又是由若干个单元格所构成的，单元格是组成工作簿的最小单位。工作簿与工作表与单元格三者的关系就像作业本（工作簿）、作业本中的纸页（工作表）、每页上的方格（单元格）。

1. 工作簿

一个 Excel 文件就是一个工作簿，它是存储和计算数据的文件。工作簿最少由一张工作表构成，从 Excel 2007 开始的版本中每个工作簿文件可包含的工作表的最多具体个数视所使用计算机的内存大小影响而定，且 Excel 文件默认格式由.xls 变为.xlsx。Excel 工作簿文件如图 5-1 所示。

图 5-1　Excel 工作簿文件

2. 工作表

工作表是一个用于输入、编辑、显示和分析数据的电子表格。它由行和列组成，每一个工作表都有一个工作表名称（标签）来标示。系统默认的名称为"sheet1""sheet2""sheet3"，以此类推。工作表的名称（标签）位于工作表底部，用户可根据需要自己的需求添加、删除工作表或修改工作表的名称及标签颜色，如图 5-2 所示。

3. 单元格

单元格是构成一张工作表的最小单位，每个单元格都有自己的单元格地址，在工作表的左上方显示，其地址是由工作表的列与行的坐标共同构成，如图 5-3 所示。

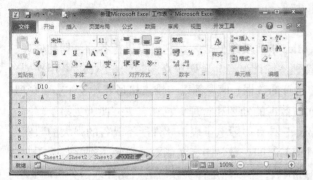

图 5-2　Excel 工作表名称及颜色　　　　　图 5-3　Excel 单元格的地址

每个单元格是具体数据的存储单位，根据其中存储的数据不同，需对单元格的格式进行相关设置，单元格格式设置位置如图 5-4 所示。

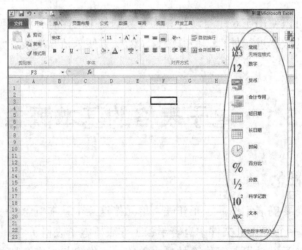

图 5-4　Excel 单元格格式设置

5.1.2　Excel 工作界面

用户打开 Excel 后面对的界面称为用户界面（User Interface）。我们在这个界面进行具体的操作，来告诉计算机我们想要做什么，并且收到计算机对我们的回馈信息。用户和计算机相互传递信息的过程称之为人机交互（Human-Computer Interaction），Excel 用户界面如图 5-5 所示。

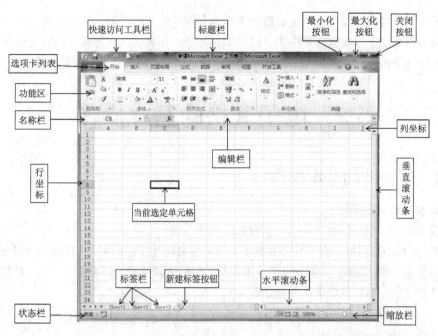

图 5-5　Excel 工作界面

标题栏：显示当前所打开 Excel 文件的文件名称。

快速启动工具栏：用户可根据自己的使用习惯，将最常用的如保存、打印预览等功能按钮在此显示，以方便用户快速使用。

窗口控制（最小、最大、关闭）按钮：最小化、最大化及关闭当前 Excel 文件窗口按钮。

选项卡列表：按照不同的功能分类，将一类功能集合在一起的功能区分选项。

功能区：显示当前选项卡所包含的功能按钮区域。

名称栏：用来显示当前单元格的位置。可以利用名称栏对单个或多个单元格进行命名。

行坐标：单元格的坐标由行和列两部分组成，此为行坐标号，为阿拉伯数字。

列坐标：单元格的坐标由行和列两部分组成，此为行坐标号，为英文字母。

状态栏：显示当前工作簿所处状态。

当前选定单元格：用户当前选定的单元格，即目前可编辑的单元格。

标签栏：用于显示工作表的名称，单击标签可激活相应标签对应的工作表，一般每个 Excel 文件默认为 3 个标签，用户可按需求改名、删除或新建。

新建标签栏：单击可新建一工作表标签页。

编辑栏：对当前选定单元格的内存进行编辑的区域。

水平滚动条：当工作表中数据比较多，当前窗口显示不全时，使用水平滚动条进行左右拉动以浏览全部数据。

垂直滚动条：当工作表中数据比较多，当前窗口显示不全时，使用垂直滚动条进行上下拉动以浏览全部数据。

缩放栏：可调整当前工作表显示的比例大小。

5.1.3　Excel 工作簿的保护

Excel 中用户可自行根据数据保密性的不同进行安全设置，用于限定对于数据的访问和更改等操作。若为了获得最佳安全性，应对整个工作簿文件使用密码保护，只允许授权用户查看或修改数据。而要对特定数据实施额外保护，则可以对特定工作表或工作簿某些元素进行密码保护设置，有关工作簿密码设置方式与 Word 文档密码设置操作方法相同，请参考第 4 章。

5.2　电子表格的基本操作

5.2.1　工作簿的基本操作

1. Excel 工作簿的新建

如果需要新建一个工作簿文件，一般有如下两种方法。

方法 1：在桌面空白处（或计算机硬盘驱动器中想要建立文件的空白位置处）单击鼠标右键，在弹出的菜单中选择"新建"，在下级菜单中选择"Microsoft Excel 工作表"。注：此方法建立的工作簿文件就在所鼠标右键单击所在的位置。

方法 2：在"开始菜单"中选择"程序"，在所有程序中找到"Microsoft Office"，点中展开下级菜单后选择"Microsoft Excel"。

2. Excel 工作簿的打开

方法 1：鼠标左键双击已有的 Excel 工作簿文件。

方法 2：同新建工作簿方法 2，新建的 Excel 工作簿文件会以打开状态显示。

3. Excel 工作簿的保存

方法 1：在打开的 Excel 工作簿文件中单击"Office"按钮，然后单击"保存"按钮，若已有文件名且选择过保存位置则以当前默认的文件名和保存位置保存；若还未起文件名，则第一次会提示用户输入文件名且选择文件保存位置。

方法 2：快速启动工具栏中单击"保存"按钮，单击后情况同方法 1。

方法 3：单击 Excel 工作簿文件右上角的关闭按钮 ✖，单击后情况同方法 1。

 Office 2007 前的版本中 Excel 默认保存文件类型为".xls"格式，Office 2007 及之后的版本中 Excel 默认保存文件类型为".xlsx"。

4. Excel 工作簿的关闭

方法 1：单击 Excel 按钮后选择"关闭"命令

方法 2：单击 Excel 工作簿文件右上角的 ✖ "关闭"按钮。

5.2.2　工作表的基本操作

1. 工作表的新建

在新建的 Excel 文件中，一般默认的是自带有 3 张工作表，工作表标签名默认为"sheet1""sheet2""sheet3"，以此类推。注：新建工作簿默认带的工作表数量，可在"Office 按钮"中的"Excel 选项"中的"常用"中设置。

用户新建工作表有如下几种方法。

方法 1：可在 Excel 工作界面中单击"文件"→"新建"按钮。

方法 2：在现有工作表的末尾插入新工作表。选择该工作表→在“开始”选项卡功能区上的“单元格”组中，单击“插入”下拉按钮，然后选择“插入工作表”，如图 5-6 所示。

方法 3：右键单击当前工作表标签，在弹出菜单中选择“插入”，在随后打开的“插入”对话框中选中“工作表”，然后单击“确定”按钮即可，如图 5-7 所示。

图 5-6　插入工作表方法 2

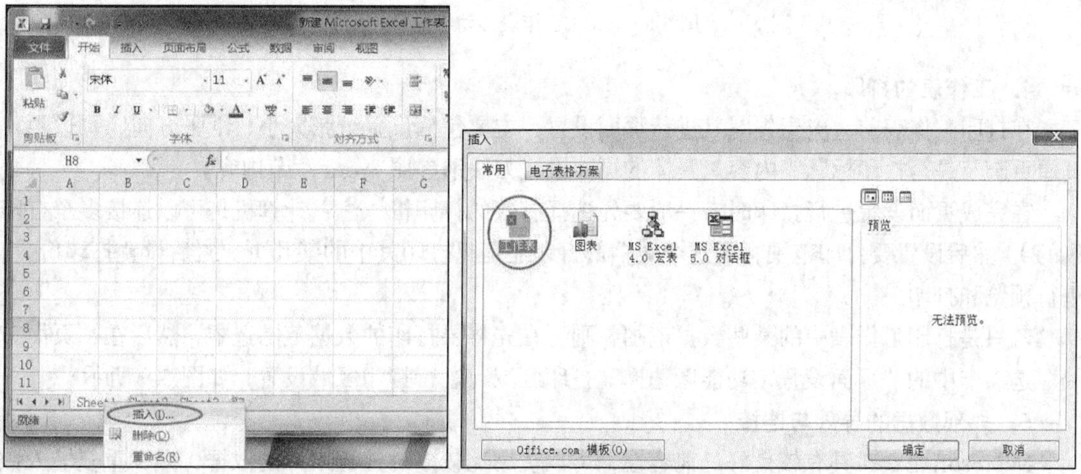

图 5-7　插入工作表方法 3

2. 工作表的移动和复制

工作表的移动和复制方法主要有以下两种。

方法 1：移动工作表——鼠标左键点中工作表标签不放，进行左右拖动，将当前工作表拖动到其他工作表的前方或后方。

复制工作表——按住键盘上 Ctrl 键不松，后续操作同移动工作表。

方法 2：移动工作表——鼠标右键单击要移动的工作表标签，在弹出的菜单中选择“移动或复制”，然后在打开的“移动与复制工作表”窗口中选择要移动到的位置。

复制工作表——前面操作同移动工作表方法 2，在打开的“移动与复制工作表”中先点选窗口中选择要移动到的位置，然后点选“建立副本”。如图 5-8 所示。

3. 工作表的重命名和删除

工作表的重命名可以用鼠标右键单击工作表标签，在弹出的菜单中选择“重命名”，或用鼠标左键双击工作表标签的名称，进入工作表重命名编辑状态。

工作表的删除用鼠标右键单击工作表标签，在弹出的菜单中选择“删除”即可。

图 5-8　Excel 工作表移动与复制

4. 工作表的打印

在打印工作表前，应当先对其进行页面设置，主要包括设置纸张大小、纸张方向、页边距、页眉页脚及是否打印标题等内容。具体的页面设置方法请参照 Word 章节内容。

在完成页面设置进行打印时，一般要先选择有效的打印机（注：计算机是可以连接多个打印机的），然后设置要打印范围，是这个文档都打印还是只打印其中的某几页。之后设置打印份数，进行预览和打印。

若只是打印工作表中的某些数据范围，则可在先将要打印的数据范围选中，然后在"页面布局"选项卡中的"页面设置"功能区选择"打印区域"进行打印区域设置，如图 5-9 所示。

5. 外部数据的导入与连接

Microsoft Excel 具有较良好的兼容性，可以使用比较多的外部来源的数据，减少重复输入数据的工作量。连接的外部数据还可以自动刷新或更新来自数据源的数据。

使用外部数据源方法如下：单击"数据"选项卡→"获取外部数据"功能区，可以获取来自 Access、网站、文本和其他数据源等外部数据，并可查看现有连接，如图 5-10 所示。

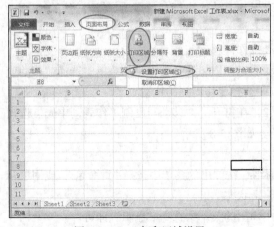
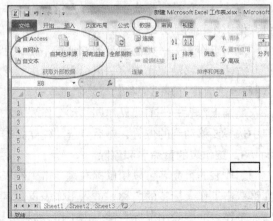

图 5-9　Excel 打印区域设置　　　　　　　图 5-10　Excel 获取和连接外部数据

5.2.3　单元格的基本操作

单元格是 Excel 中的最小工作单位。在 Excel 中对于数据的操作大多和单元格的操作不可分割，因此我们需认真学习并掌握单元格的基本操作，为 Excel 的后续学习打下良好的基础。

1. 单元格的选定与命名

（1）单元格的选定

单个单元格选定：对单元格进行操作前，先选中要操作的单元格，鼠标单击选中单个单元格。（注：单个单元格选中后，名称栏会显示当前选中单元格地址。）

多个连续单元格选定：若要选中多个连续单元格，则鼠标左键单击起始单元格不松手，拖动鼠标至最后一个单元格后松手。或鼠标左键单击起始单元格后，按住 Shift 键，再鼠标左键单击区域最后一个单元格。（注：多个连续单元格选中后，名称栏会显示当前选中区域中第一个单元格的地址。）

多个不连续单元格选定：鼠标左键单击选定第一个单元格，然后按住 Ctrl 键，鼠标继续单击其余待选定的单元格，直到结束。（注：多个不连续单元格选中后，名称栏会显示当前选中区域中最后一个单元格的地址。）

选中整行单元格：想要选中某一整行单元格，则鼠标左键单击此行单元格的行坐标号。

选中整列单元格：想要选中某一整列单元格，则鼠标左键单击此列单元格的列坐标号。

选中工作表中所有单元格：若想一次选中当前整个单元表的单元格，则使用 Ctrl+A 组合键或单击工作表行号和列号交汇处的"全选按钮"，如图 5-11 所示。

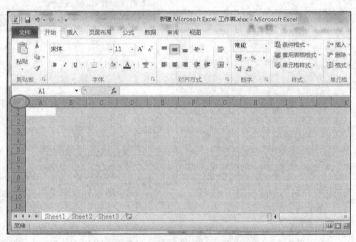

图 5-11　Excel 全表单元格选定

若要快速到达指定的单元格，也可以在"名称框"输入单元格地址，然后按回车键以达到快速定位的目的。

（2）单元格的命名

在 Excel 中，当选中一个或多个单元格时，名称框会显示单元格的地址，而有时需要对特殊的单元格或单元格区域设置一个名称，这样做的好处是方便记忆或理解，且可以快速定位特殊单元格或区域。例如现有职工工资表如图 5-12 所示。

选定所有职工的基本工资到奖金区域（C3：

A3	▼		f_x	序号		
	A	B	C	D	E	G
1			职工工资表			
2						
3	序号	姓名	基本工资	工龄工资	奖金	应得工资
4	01	王一	1,500.00	400.00	300.00	2,200.00
5	02	李娜	1,200.00	200.00	400.00	1,800.00
6	03	杨雄	1,800.00	600.00	150.00	2,550.00
7	04	李四	1,000.00	100.00	200.00	1,300.00
8	05	谢正	1,400.00	300.00	155.00	1,855.00
9	06	陈丹	1,500.00	350.00	260.00	2,110.00

图 5-12　职工工资表

E9），选定后在名称框输入"工资"并按回车键确定，如图 5-13 所示。

这样就将 C4：E9 的单元格区域命名为了"工资"（区域），为方便理解或记忆，也可通过名称框的调用快速选定此区域的单元格。如图 5-14 所示，单击名称框的下拉箭头按钮，在弹出的菜单中选择"工资"，则立刻选定了 C4：E9 单元格区域。

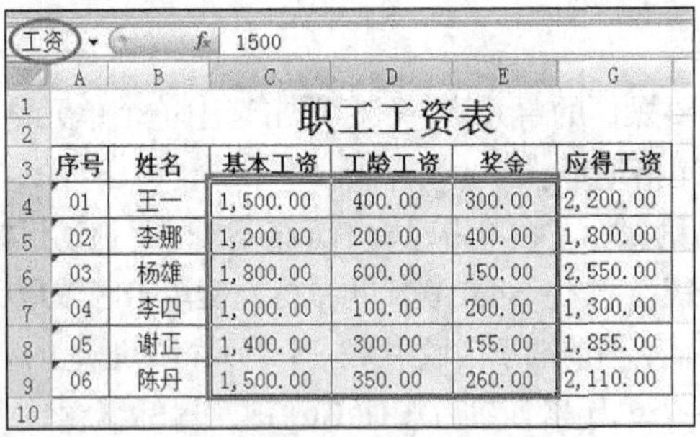

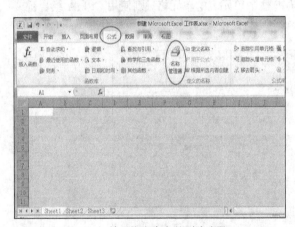

图 5-13　对选定的单元格区域命名

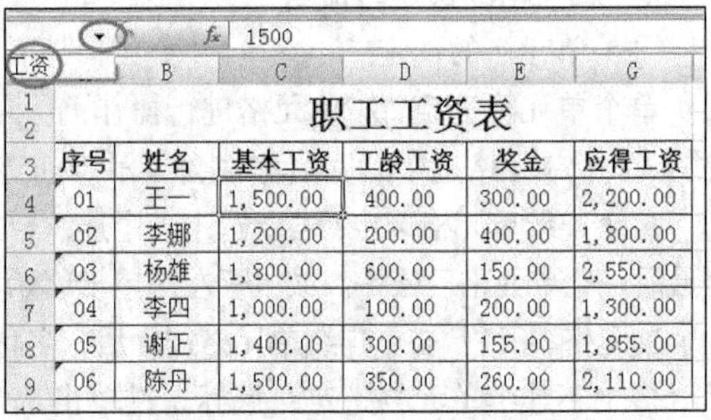

图 5-14　快速选定自命名区域

若想要删除设置的自命名，则在"公式"选项卡中单击"名称管理器"按钮，如图 5-15 所示。

在弹出的"名称管理器"窗口中选择要删除的自命名，选择好后单击上方的"删除"按钮，则可对自命名进行删除，如图 5-16 所示。

图 5-15　单元格自命名的删除步骤 1

图 5-16　单元格自命名的删除步骤 2

2. 单元格的编辑与删除

单元格的输入：单击要向其中输入数据的单元格，键入数据并按 Enter 键或 Tab 键。若要一次在多个单元格中输入相同的数据，选定需要输入数据的单元格，单元格不必相邻，键入相应数据，然后按 Ctrl+Enter 组合键。

单元格的移动：鼠标左键点中要复制的单元格，然后左键拖动单元格至要移动到的位置。

单元格的复制：鼠标左键点中要复制的单元格，按住 Ctrl 键进行拖至要复制到的位置。

单元格的更改：鼠标左键双击要更改的单元格，进入单元格编辑状态，对其中的内容进行更改。

单元格的删除：单元格的删除分别为删除数据和删除单元格。删除数据操作如下：选中要删除的单元格然后按 Del 或退格键。对于不再需要的单个单元格或行、列单元格，也可以对其进行删除，操作方法如下：选中单个单元格或整行整列，鼠标右键单击，在弹出的菜单中选择"删除"，如图 5-17 所示。

　　单元格的填充：如果在单元格中键入的字符与该列已有的录入项形成一定的规律，Microsoft Excel 可以按照规律自动填写其余的字符。但 Excel 只能自动完成包含文字的录入项，或包含文字与数字的录入项。操作步骤如下。

　　在需要填充的单元格区域中选择第一个单元格，为此序列输入初始值。在下一个单元格中输入值以创建模式，选定包含初始值的单元格，将填充柄拖动到待填充区域上，如图 5-18 所示。

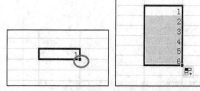

图 5-17　Excel 单元格删除　　　　　　　图 5-18　Excel 单元格的填充

3. 单元格的格式设置

　　在 Excel 中可以对单元格进行格式设定。右键单击选中的单元格，在弹出的菜单里"选择单元格格式"，进入格式设定对话框，在此可以从"数字""对齐""字体""边框""填充""保护"6 个方面对单元格进行格式设定，如图 5-19 所示。

图 5-19　Excel 单元格格式设置

　　"数字"：可在"分类"列表框中选择数值类型，并对其做进一步的设置，如设置小数位数，日期的显示方式，是否使用千位分隔符等。数据类型共 12 类，初始时单元格默认的是常规型。如要输入 0 开头的数字则需将单元格格式设为文本类型。

"对齐"：可对单元格中的数据对齐方式和文本方向等进行设置。

"字体"：可对数据的字体、字型、字号、颜色等进行设置。

"边框"：可对一个或多个单元格区域加上边框（Excel 中单元格默认是无边框的，用户能看到但是打印时不显示，如需边框需自己另行设置。），并设置边框种类、颜色等。

"填充"：可对单元格底纹的颜色和图案进行设置。

"保护"：可对单元格的保护和隐藏进行设置（单元格的保护是与工作表的保护相联系的，只有工作表处于保护状态时，单元格才能处于保护状态。）。

4. 行高与列宽

在 Excel 中每一个单元格都有自己的地址（名称）和宽度（列宽）及高度（行高）。调整行高和列宽一般有如下两种方法。

方法 1：可以用鼠标拖动单元格所在行、列坐标的边沿，如图 5-20（a）所示。

行高设置操作同列宽操作。

方法 2：鼠标右键单击要设置的单元格所在的列坐标，选中"列宽"对该列进行宽度设置，如图 5-20（b）所示。

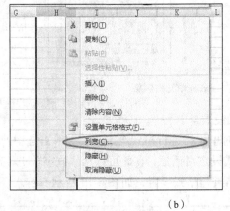

（a）　　　　　　　　　　　　　　（b）

图 5-20　Excel 单元格列宽设置方法

行高设置操作同列宽操作。

若有多个行或列需要设置行高、列宽，则用 Ctrl 键和鼠标配合同时选中多个行或列，再用鼠标右键单击其中某个行坐标或列坐标，在弹出的菜单中选择"行高"或"列宽"设置。

5. 单元格的地址引用

在 Excel 的公式或函数应用中，经常需要某个单元格地址在填充柄拖动填充的时候不进行变化，这时可在不想变化的单元格地址前加"$"达到锁定单元格地址的目的。单元格地址如"B1:E3"此种不加"$"的引用叫单元格地址的相对引用；如"$B$1:$E$3"这种列坐标和行坐标全部加"$"的引用叫单元格地址的绝对引用；有的行或列坐标加"$"有的不加的则叫作单元格地址的混合引用，如"B1:$E3"或"B$1:$E3"

5.3　电子表格中的数据运算

Excel 电子表格主要是对表格中的数据进行处理和分析，数据的运算是其中最重要的功能之一。数据的运算主要是使用公式与函数来完成的。

 在 Excel 中所有的公式或函数都是以"="开头的。

5.3.1　Excel 中的公式应用

1. 公式运算中的算术符号和运算次序

在 Excel 中公式运算符号主要有四种类型：算术运算符、比较运算符、文本运算符和引用运算符。四种运算运算符如表 5-1 所示。

表 5-1　　　　　　　　　　　　　　Excel 中的四运算符

运算类型	运 算 符	含 义	示 例
算术运算符	+	加	55+33
	−	减	66−33
	*	乘	11*22
	/	除	99/11
	%	百分数	50%
	^	乘方	9^3
比较运算符	=	等于	C1=12
	>	大于	C3>7
	<	小于	C5<8
	>=	大于等于	C9>=9
	<=	小于等于	D3<=15
	<>	不等于	A3<>B3
文本运算符	&	使用文本连接符	"我" & "吃饭" 结果为 "我吃饭"
引用运算符	:	连续区域运算符	引用两个单元格地址间的所有单元格
	,	联合操作符	引用多个不连续单元格地址
	空格	交叉运算符	对两个区域中共有的单元格进行引用

算术运算符（6 个）：它们的作用是完成基本的数学运算，产生数字结果等。

比较操作符（6 个）：它们的作用是可以比较两个值，结果为一个逻辑值，不是 "TRUE" 就是 "FALSE"。

文本连接符（1 个）：使用文本连接符（&）可加入或连接一个或更多字符串以产生一长文本。

引用操作符（3 个）：引用以下三种运算符可以将单元格区域进一步处理。具体示例如下。

冒号 ":" ——连续区域运算符，对两个引用之间包括两个引用在内的所有单元格进行引用。如 SUM（B1:C8），计算 B1 到 C8 的连续 16 个单元格之和。

逗号"，"——联合操作符可将多个引用合并为一个引用。如 SUM（A5:A11，C5:C11），计算 A 列、C 列共 14 个单元格之和。

空格——取多个引用的交集为一个引用，该操作符在取指定行和列数据时很有用。如 SUM（B5:B10，A6:C8），计算 B6 到 B8 三个单元格之和。

注意 Excel 中运算符优先级由高到低依次为：引用运算符→负号→百分比→乘方→乘除→加减→连接符→比较运算符。相同优先级的运算符，将从左到右进行计算。

2. Excel 数据运算中单元格的引用

在 Excel 中我们可以通过填充柄快速完成很多内容上的输入，单元格的填充柄除了可以进行具体内容的填充外，还可以对公式或函数进行填充，以达到快速输入的目的。

（1）单元格地址的相对引用

在 Excel 中默认的单元格地址引用就是相对引用。相对引用是指公式或函数在移动或复制时，其中包含的单元格地址会根据目标单元格和起始单元格的位置变化而相对产生变化。

当目标单元格和起始单元格是相连续的，我们可以用单元格的填充柄进行填充，如图 5-21 所示。

我们选中 E3 单元格，在其中输入：=A3+B3（注：=号开头代表公式或函数，此时单元格中的实际内容为 A3+B3，但在单元格处显示的是 A3+B3 的值 3），使用填充柄向下填充至 E4 单元格。

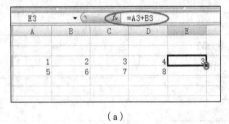
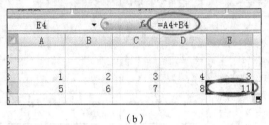

（a）　　　　　　　　　　　　　　　　　（b）

图 5-21　相对引用的填充柄填充步骤

此时由起始单元格（E3）到目标单元格（E4），列坐标没有变化，行坐标+1，而填充柄拖动过来的内容也由起始单元格的 A3+B3 产生相对应（列坐标不变，行坐标+1）的变化，变为 A4+B4。

当目标单元格和起始单元格是不连续的，我们可以将起始单元格的内容复制到目标单元格。如图 5-22 所示，起始单元格（E3）到目标单元格（G3），列坐标+2，行坐标未变。复制 E3 单元格粘贴至 G3 单元格，则其中的内容也由起始单元格的 A3+B3 产生相对应（列坐标+2，行坐标不变）的变化，变为 C3+D3（注：G3 单元格处显示的是 C3+D3 的值 7）。

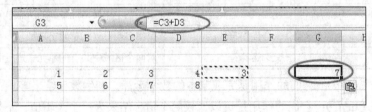

图 5-22　相对引用的复制

（2）单元格地址的绝对引用

在 Excel 数据运算中，有时需要引用的单元格地址不跟随起始单元格到目标单元格的变化而变化，这时要使用单元格地址的绝对引用，在需要锁定单元格地址的行坐标号和列坐标号前加"$"。

如图 5-23（a）所示，在 E1 单元格中输入的公式中，B3 的列坐标号和行坐标号前加"$"，表示将 B3 的列和行坐标号锁定（不会再跟随目标单元格的地址相对变化而变化）。

此时复制 E3 单元格，粘贴到 G4 单元格，起始单元格（E3）到目标单元格（G4），列坐标+2，行坐标+1。复制过来的公式中的单元格地址 A3 产生相应的变化，变为 C4，而$B$3 因为行、列坐标被锁定而不产生变化还是 B3。所以最后复制过来后 G3 单元格中的数据如图 5-23（b）所示为 C3+$B$3 值为 9。

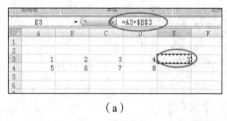
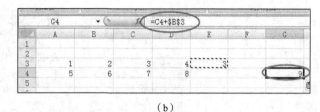

（a）　　　　　　　　　　　　　（b）

图 5-23　绝对引用步骤

（3）单元格地址的混合引用

单元格地址的混合引用是指根据实际需求，在单元格地址的行坐标号或列坐标号前加"$"。

如图 5-24（a）所示，在 E1 单元格中输入的公式中，在 B3 的列坐标号前加"$"，表示将 B3 的列坐标号锁定（此时 B3 的列坐标不会再跟随目标单元格的地址相对变化而变化，行坐标因为没有锁定还是会产生相对的变化）。

此时复制 E3 单元格，粘贴到 G4 单元格，起始单元格（E3）到目标单元格（G4），列坐标+2，行坐标+1。复制过来的公式中的单元格地址 A3 产生相应的变化变为 C4，而$B3 因为列坐标被锁定而不产生变化还是 B，行坐标产生相应变化变为 4。所以复制过来后 G3 单元格中的数据如图 5-24（b）所示为 C3+$B4 值为 13。

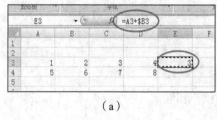
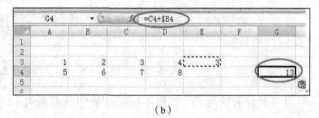

（a）　　　　　　　　　　　　　（b）

图 5-24　混合引用步骤

（4）单元格地址的跨表引用

在实际的工作学习中，经常需要把不同工作表甚至是不同工作簿中的数据用于同一个公式或函数中进行计算处理，这类计算过程中的单元格地址引用称为跨表引用。其遵循的规则如下。

同工作簿不同工作表中的数据引用：工作表名称！单元格引用地址，如图 5-25 所示。

在 sheet2 工作表的 C1 单元格中运算本工作表的 A1 单元格数据+sheet1 工作表中的 B3 单元格数据，则在 C1 单元格编辑栏输入：=A1+sheet1！B3

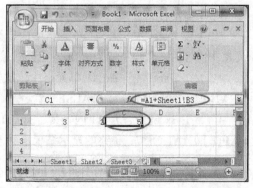

图 5-25　同工作簿不同工作表单元格地址引用

（或=A1+，然后用鼠标左键单击下方 sheet1 标签，在 sheet1 工作表中单击 B3 单元格，最后单击编辑栏处的"√"）。

不同工作簿不同工作表中的数据引用：[工作簿名称] 工作表名称！单元格引用地址。

现有另一个工作簿文件"新建 Microsoft Excel 工作表（2）"，在其中 sheet1 工作表中的 B1 单元格有数据 13。需要在另一个 Excel 文件的 sheet2 中的 C1 单元格计算其同表的 A1 单元格数据+"新建 Microsoft Excel 工作表（2）"工作簿中 sheet1 工作表中的 B1 单元格数据。如图 5-26 所示。

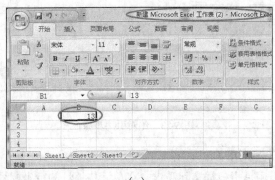

（a）

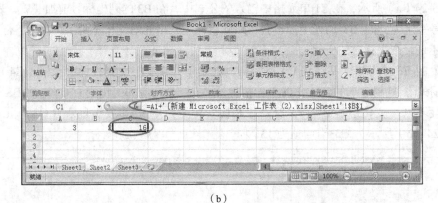

（b）

图 5-26　不同工作簿不同工作表单元格地址引用步骤

具体操作方法与同工作簿不同工作表中的数据引用的操作相同。

思考题：

（1）在 Excel 中，在 A1 至 A4 单元格依次输入如下内容："30/2"、30/2、=30/2、"=30/2"则单元格中显示什么？

（2）在 Excel 中，若 C1 单元格中内容为：张强，C2 单元格中内容为：2500，现要使 C3 单元格中内容为：张强工资为 2500，用公式输入的话，应在 C3 中输入什么内容？

（3）在 Excel 中，在 A1 单元格中依次输入如下内容：=1=2 或 "=1=2"，则输入什么内容可使 A1 单元格显示结果为 "FALSE"？

（4）在 Excel 中，若 A1 内容为：3，B1 内容为：5，C1 内容为：2，则在 D5 单元格输入：=（A1+B1）*A1-C1*7，最终的显示结果应为多少？

5.3.2　Excel 中的函数应用

在 Excel 中一些预定义的公式其实就是函数，它们使用一些称为参数的特定数值按特定的顺序或结构进行计算。Excel 函数一共有 11 类，分别是数据库函数、日期与时间函数、工程函数、财务函数、信息函数、逻辑函数、查找和引用函数、数学和三角函数、统计函数、文本函数以及多维数据集函数，如图 5-27 所示。

图 5-27　Excel 2010 中的 11 种函数

1. 常用函数类型

（1）逻辑函数：使用此类函数对条件进行真假的判断。

（2）信息函数：用于确定存储在单元格中的数据的类型。

（3）数学和三角函数：用于处理数学计算，如对数字取整或计算某个区域的数值总和等。

（4）统计函数：用于对数据区域的统计与分析，例如可统计出满足特定条件的数据个数。

（5）财务函数：用于进行一般的财务计算，例如可确定贷款的支付额、投资的未来值等。

（6）查找与引用函数：用于在数据表中查找特定的值。

（7）时间与日期函数：用于在公式中分析和处理时间值和日期值，例如可获得当前计算机系统日期及当前时间。

（8）文本函数：用于处理公式中的文字信息。

（9）数据库函数：用于进行数据清单中的数值是否符合某项特定条件的分析。

2. 函数的使用方法

在 Excel 中函数的使用方法一般分为两种，即手工输入和函数编辑器引用。

（1）函数的手工输入

使用手工输入方法比较简单，只需要在选定的单元格编辑栏中输入以 "=" 开头的函数内容。但需要记住所要使用的函数的名称及其函数相应的结构，与输入选定的数据和函数参数，如图 5-28 所示。

要计算现有每个职工的应发工资，则应选中当前某个职工所对应的应发工资单元格，然后在编辑栏输入对应的函数，在此使用 sum（计算选中单元格区域中所有数值的和）函数。选中职工王一对应的应发工资单元格 G4，在编辑栏中输入：=sum（C4:E4），输入后单击左侧√（或按回车键）以确定。最后再使用 G4 单元格的填充柄下拉对其余职工的应发工资单元格进行填充，如图 5-29 所示。

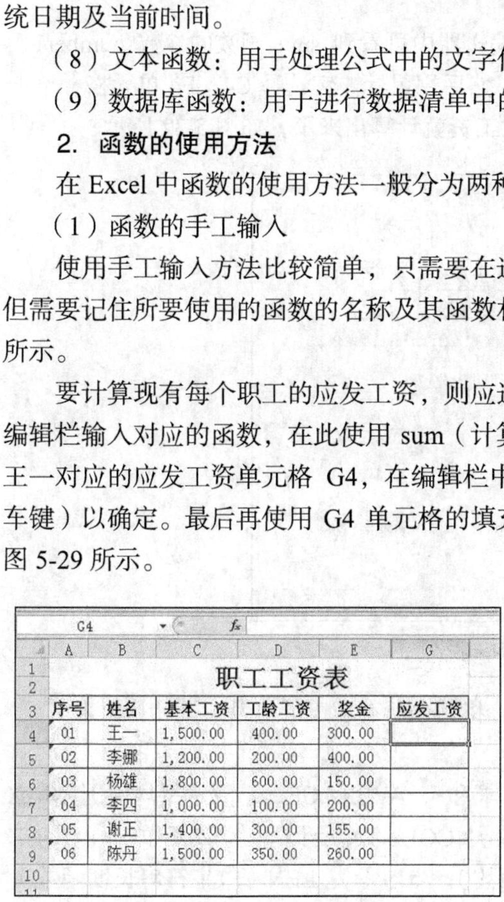

序号	姓名	基本工资	工龄工资	奖金	应发工资
01	王一	1,500.00	400.00	300.00	
02	李娜	1,200.00	200.00	400.00	
03	杨雄	1,800.00	600.00	150.00	
04	李四	1,000.00	100.00	200.00	
05	谢正	1,400.00	300.00	155.00	
06	陈丹	1,500.00	350.00	260.00	

职工工资表

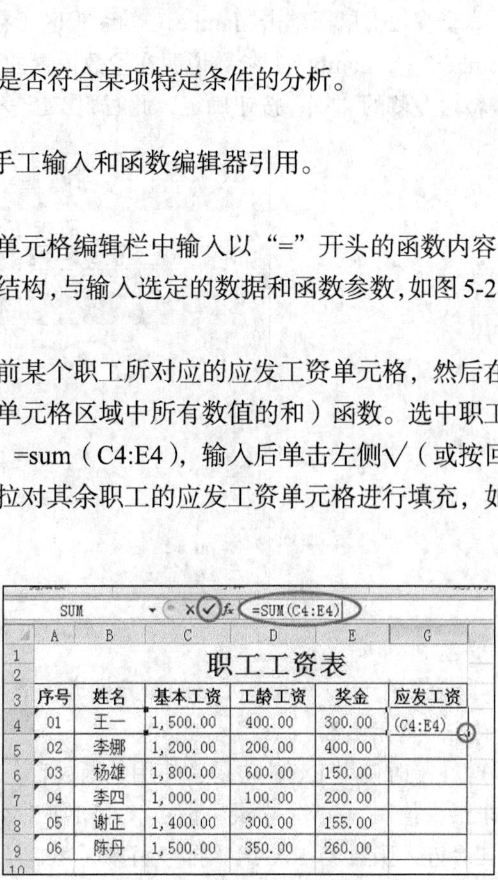

图 5-28　职工工资表

序号	姓名	基本工资	工龄工资	奖金	应发工资
01	王一	1,500.00	400.00	300.00	(C4:E4)
02	李娜	1,200.00	200.00	400.00	
03	杨雄	1,800.00	600.00	150.00	
04	李四	1,000.00	100.00	200.00	
05	谢正	1,400.00	300.00	155.00	
06	陈丹	1,500.00	350.00	260.00	

职工工资表

=SUM(C4:E4)

图 5-29　函数的手工输入

（2）函数的编辑器输入

若不能记住众多的函数名称和其对应的结构与参数，则还可以使用函数编辑器对函数进行输入。如图 5-42 所示，使用函数编辑器对其进行应发工资的求和，操作步骤如下。

步骤 1：选中职工王一所对应的应发工资单元格 G4，单击编辑栏左侧的 fx（插入函数）按钮打开函数选择界面，选取 sum 函数后打开函数编辑器，如图 5-30 和图 5-31 所示。

图 5-30　插入函数

图 5-31　选择 SUM 函数

步骤 2：鼠标单击 number1 的编辑区（在函数编辑器中可看到 sum 函数的参数 number1、number2…，number 的参数说明在参数设置的下方），然后用鼠标左键选择 C4：E4 单元格，单击编辑栏左侧的"√"按钮确定，此时职工王一的应发工资就计算出来了，如图 5-32 所示。

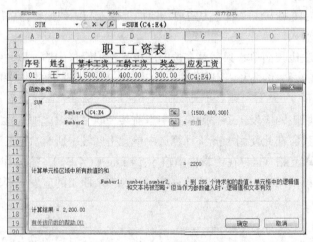

图 5-32　SUM 函数编辑器

步骤 3：点中 G4 单元格的填充柄进行下拉填充，将其余所有职工的应发工资计算出来。

3. 常用函数

在平时使用 Excel 中最常使用的函数有：SUM（求和）、AVERAGE（求算术平均值）、MAX（求最大值）、MIN（求最小值）、COUNT（计数函数）、COUNTA（计算非空数函数）、ROUND（四舍五入函数）、RANK（排序函数）、INT（取整函数）、ABS（ ）、LEN（求字符串长度函数）、LEFT（从左取字符串函数）、RIGHT（从右取字符串函数）、DAY（日函数）、MONTH（月函数）、YEAR（年函数）、WEEKDAY（星期函数）、IF（条件函数）、SUMIF（带条件求和）、COUNTIF

（带条件计数）。

（1）函数名称：SUM

主要功能：计算单元格区域中所有数值的和。

使用格式：SUM（number1，number2，…）

参数说明：1～255 个待求和的数值。可以是具体数字或单元格地址，单元格中的逻辑值和文本将被忽略。

应用举例：具体示例见图 5-43～图 5-45。

在此对 SUM 函数的不同参数应用做一对照表以供参考，见表 5-2。

表 5-2　　　　　　　　　　　　　　SUM 函数的不同参数应用

参数示例	说　　明
Sum（1，5）	计算数字 1 和 5 的和，值为 6
Sum（C4：E4）	计算 C4 单元格到 E4 单元格中所有数值之和
Sum（C4：E4，1）	计算计算 C4 单元格到 E4 单元格中所有数值之和后再加 1

（2）函数名称：AVERAGE

主要功能：求出所有参数的算术平均值。

使用格式：AVERAGE（number1，number2，…）

参数说明：number1，number2，…为需要求平均值的数值或引用单元格（区域），参数不超过 30 个。

应用举例：AVERAGE 函数的使用方法请参照 Sum 函数。

（3）函数名称：MAX

主要功能：返回一组数值中的最大值。

使用格式：MAX（number1，number2，…）

参数说明：number1，number2，…为准备从中求取最大值的 1～255 个数值、空单元格、逻辑值或文本数值。函数的参数可以是具体数字或单元格地址引用。

应用举例：如图 5-33 所示，求出所有职工的基本工资中的最高数值。操作步骤如下。

步骤 1：选中最大值对应基本工资的 C10 单元格，单击 fx 找到并插入 MAX 函数。

步骤 2：在 MAX 函数编辑器中将鼠标点中 number1 参数对应的编辑区域，此时用鼠标选择 C4：C9（所有职工的基本工资）单元格区域，然后确定。如图 5-34 所示，最终结果为"1,800.00"。

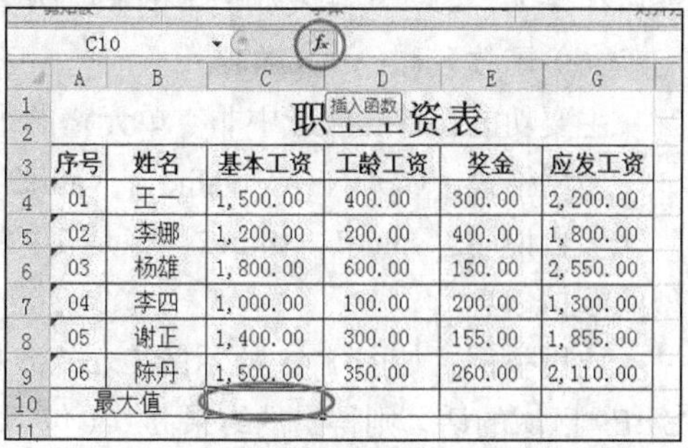

图 5-33　插入 MAX 函数

（4）函数名称：MIN

主要功能：返回一组数值中的最小值。

使用格式：MAX（number1，number2，…）

参数说明：number1，number2，…为准备从中求取最大值的 1～255 个数值、空单元格、逻辑值或文本数值。函数的参数可以是具体数字或单元格地址引用。

应用举例：MIN 函数的使用方法请参照 MAX 函数。

MAX
=MAX(C4:C9)
职工工资表
序号
姓名
基本工资
01 王一 1,500.00
02 李娜 1,200.00
03 杨雄 1,800.00
04 李四 1,000.00
05 谢正 1,400.00
06 陈丹 1,500.00
最大值
(C4:C9)
1.筛选出基本工资大于1200
函数参数
MAX
Number1 C4:C9
= {1500;1200;1800;1000;1400;1500}
Number2
= 数值
= 1800
返回一组数值中的最大值，忽略逻辑值及文本
计算结果 = 1,800.00
有关该函数的帮助(H)
确定
取消

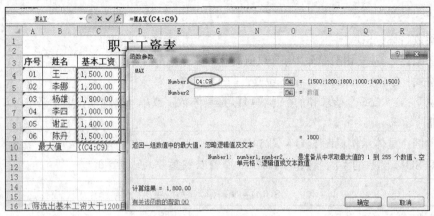

图 5-34　MAX 函数的设置

（5）函数名称：COUNT

主要功能：计算区域中包含数字的单元格的个数。

使用格式：COUNT（value1，value2，…）

参数说明：value1，value2，…是 1～255 个参数，可以包含或引用各种不同类型的数据，但只计算数字类型数据的个数。

应用举例：如图 5-35 所示，计算发放奖金的职工个数。操作步骤如下。

E10
=COUNT(E4:E9)
职工工资表
序号 姓名 基本工资 工龄工资 奖金 应发工资
01 王一 1,500.00 400.00 300.00 2,200.00
02 李娜 1,200.00 200.00 无 1,400.00
03 杨雄 1,800.00 600.00 150.00 2,550.00
04 李四 1,000.00 100.00 200.00 1,300.00
05 谢正 1,400.00 300.00 无 1,700.00
06 陈丹 1,500.00 350.00 260.00 2,110.00
4

图 5-35　COUNT 函数

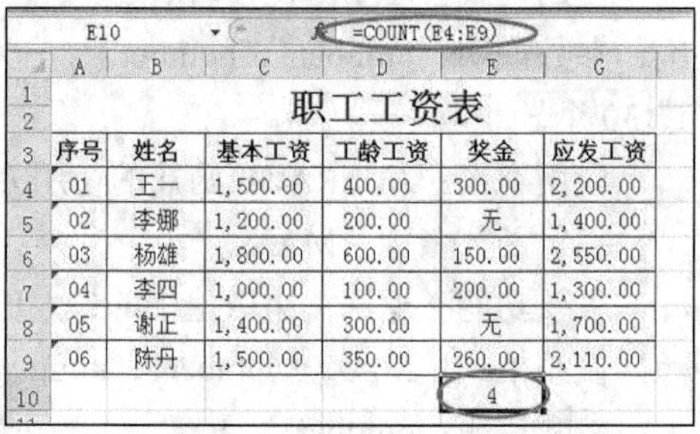

步骤 1：选中 E10 单元格，在其中插入 COUNT 函数。

步骤 2：value1 参数选择 E4：E9 单元格，单击“确定”按钮。

在本例中，有些职工无奖金发放，在此使用 COUNT 函数，对单元格中的“无”内容忽略，所以最后结果为“4”，实际发放奖金的职工数为 4 人。

（6）函数名称：COUNTA

主要功能：计算区域中非空单元格的个数。

使用格式：COUNTA（value1，value2，…）

参数说明：value1，value2，…是 1～255 个参数，代表要计算的值和单元格，可以是任意类型的数据信息。

应用举例：如图 5-48 所示的 Excel 数据表，若将 COUNT 函数改为用 COUNTA 函数来计算 E4:E9 区域的话，则得出的结果为 6（包括未发放奖金的所有员工人数），如图 5-36 所示。

（7）函数名称：ROUND

主要功能：按指定的位数对数值进行四舍五入。

使用格式：ROUND（number，num_digits）

参数说明：number 表示需要四舍五入的数值；num_digits 为执行四舍五入时要采用的位数。（注：如果该参数为正数则保留该参数数值的小数位数；如果该参数为 0，则圆整到最接近的整数；如果该参数为负数，则圆整到小数点的左边。）

应用举例：在单元格中输入如下的 ROUND 函数，具体的结果如下所示。

Round（955.123，1）结果为 955.1

Round（955.123，0）结果为 955

Round（955.123，-2）结果为 1000

（8）函数名称：RANK

主要功能：返回某数字在一列数字中相对其他数值的大小排名。

使用格式：RANK（number，ref，order）

参数说明：number 为要查找排名的数字；ref 是一组数或一个数据列表的引用（非数字值会被忽略）；order 为在列表中排名的方式，如为 0 或忽略则为降序排列，非 0 值为升序排列。

应用举例：如图 5-37 所示，在职工工资表中求出每个职工的应发工资在所有职工应发工资中所处的排位。操作步骤如下。

图 5-36　COUNTA 函数　　　　　　　　　图 5-37　RANK 函数

步骤 1：选中 N4 单元格，插入 RANK 函数。

步骤 2：在 RANK 函数编辑器中设置各参数：number 为 G4（王一的应发工资）；ref 为 G4：G9（所有职工的应发工资）；order 为 0（降序排列）。

步骤 3：单击"确定"按钮，N4 单元格显示数值为 2，即王一应发工资在所有职工应发工资中排第 2 位。

（9）函数名称：INT

主要功能：将数值向下取整为最接近的整数。

使用格式：INT（number）

参数说明：number 表示需要取整的数值或包含数值的引用单元格。

应用举例：输入公式：=INT（18.89），确认后显示出 18。（注：在取整时，不进行四舍五入；如果输入的公式为=INT（-18.89），则返回结果为-19）

（10）函数名称：ABS

主要功能：求出相应数字的绝对值，正数和 0 返回数字本身，负数返回数字的相反数。

使用格式：ABS（number）

参数说明：number 表示要返回绝对值的数字或单元格引用。

应用举例：如果在 B2 单元格中输入公式：=ABS（A2），则在 A2 单元格中无论输入正数（如

100）还是负数（如-100），B2 中均显示出正数（如 100）。（注：如果 number 参数不是数值，而是一些字符（如 A 等），则 B2 中返回错误值"#VALUE!"）

（11）函数名称：LEN

主要功能：统计文本字符串中字符数目。

使用格式：LEN（text）

参数说明：text 表示要统计的文本字符串。

应用举例：假定 A41 单元格中保存了"我今年 28 岁"的字符串，在 C40 单元格中输入公式：=LEN（A40），确认后即显示出统计结果"6"。（注：LEN 要统计时，无论中全角字符，还是半角字符，每个字符均计为"1"；与之相对应的一个函数——LENB，在统计时半角字符计为"1"，全角字符计为"2"）

（12）函数名称：LEFT

主要功能：从一个文本字符串的第一个字符开始，截取指定数目的字符。

使用格式：LEFT（text，num_chars）

参数说明：text 代表要截字符的字符串；num_chars 代表给定的截取数目。

应用举例：假定 A38 单元格中保存了"我喜欢淘宝网"的字符串，在 C38 单元格中输入公式：=LEFT（A38，3），确认后即显示出"我喜欢"的字符。

（13）函数名称：RIGHT

主要功能：从一个文本字符串的最后一个字符开始，截取指定数目的字符。

使用格式：RIGHT（text，num_chars）

参数说明：text 代表要截字符的字符串；num_chars 代表给定的截取数目。

应用举例：假定 A38 单元格中保存了"我喜欢淘宝网"的字符串，在 C38 单元格中输入公式：=RIGHT（A38，3），确认后即显示出"淘宝网"的字符。

（14）函数名称：DATE

主要功能：给出指定数值的日期。

使用格式：DATE（year，month，day）

参数说明：year 为指定的年份数值（小于 9999）；month 为指定的月份数值（可以大于 12）；day 为指定的天数。

应用举例：在 C20 单元格中输入公式：=DATE（2003，13，35），确认后，显示出 2004-2-4。（注：由于上述公式中，月份为 13，多了一个月，顺延至 2004 年 1 月；天数为 35，比 2004 年 1 月的实际天数又多了 4 天，故又顺延至 2004 年 2 月 4 日。）

（15）函数名称：DAY

主要功能：返回指定日期或引用单元格中日期的天数。

使用格式：DAY（serial_number）

参数说明：serial_number 代表指定的日期或引用的单元格。

应用举例：输入公式：=DAY（"2003-12-18"），确认后，显示出 18。（注：如果是给定的日期，需要包含在英文双引号中。）

（16）函数名称：MONTH

主要功能：返回指定日期的月份值，值为 1（一月）至 12（十二月）间的数字。

使用格式：MONTH（serial_number）

参数说明：serial_number 代表指定的日期或引用的单元格。

应用举例：如图 5-38 所示，需要求送货流水表中的发生月份。

虽然有具体送货日期可供参考，很简单就能得出，但是一张送货流水表中的数据可能会有几十甚至几百条，若手工判断并输入太没效率，使用 MONTH 函数很简单就能完成要求。操作步骤如下。

步骤 1：选中 G3 单元格，插入 MONTH 函数。

步骤 2：serial_number 参数选择 B3 单元格（其对应的送货日期），单击"确定"按钮，计算出送货日期所在的月份。

步骤 3：鼠标左键拖动 G3 单元格的填充柄，向下进行填充，快速计算出所有数据所对应的发生月份。

（17）函数名称：YEAR

主要功能：返回指定日期的年份值，其值为 1900～9999 之间的数字。

使用格式：YEAR（serial_number）

参数说明：serial_number 代表指定的日期或引用的单元格。

应用举例：YEAR 函数的使用方法请参照 MONTH 函数。

（18）函数名称：WEEKDAY

主要功能：返回某个日期是一周中的星期几。默认情况下，天数是 1（星期日）到 7（星期六）之间的整数。

使用格式：WEEKDAY（serial_number，return_type）

参数说明：serial_number 表示需要判断星期几的日期；return_type 决定一周中哪一天开始的数字。省略则默认为 1。

应用举例：如图 5-39 所示，若想知道送货日期当天是否为加班（周末上班），则需计算出送货日期是星期几，使用 WEEKDAY 函数操作步骤如下。

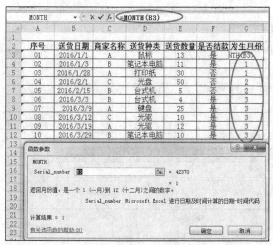

图 5-38　MONTH 函数

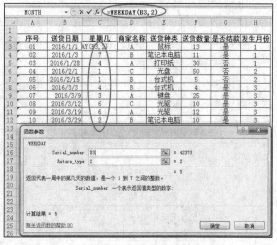

图 5-39　WEEKDAY 函数

步骤 1：选中 C3 单元格，插入 WEEKDAY 函数。

步骤 2：serial_number 参数选择 B3 单元格；return_type 参数设置为 2。单击"确定"按钮。

步骤 3：鼠标左键拖动 C3 单元格的填充柄，向下进行填充，快速计算出所有送货日期所对应的星期几。

（19）函数名称：IF

主要功能：根据对指定条件的逻辑判断的真假结果，返回相对应的内容。

使用格式：IF（Logical_test，Value_if_true，Value_if_false）

参数说明：Logical_test 代表逻辑判断表达式；Value_if_true 表示当判断条件为逻辑"真
（TRUE）"时的显示内容，如果忽略返回"TRUE"；Value_if_false 表示当判断条件为逻辑"假
（FALSE）"时的显示内容，如果忽略返回"FALSE"。

应用举例：如图 5-40 所示的职工工资表，若职工发放的奖金大于等于"300"则对应的"是否优秀"一栏值为"是"，否则为值为"否"。操作步骤如下。

步骤 1：选中 F4 单元格，插入 IF 函数判断王一是否优秀。

步骤 2：Logical_test 参数为逻辑判断表达式，此例中为当前职工的奖金数是否大于等于300，因此输入"E4>=300"（一定要有判断的主体（E4），不能光是条件">=300"）。

步骤 3：Value_if_true 当判断条件成立时的显示，此例为"是"；Value_if_false 当判断条件不成立时的显示，此例为"否"。

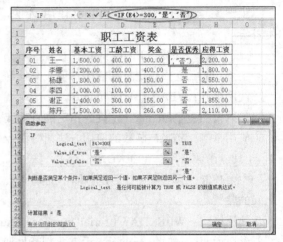

图 5-40 IF 函数

步骤 4：鼠标左键拖动 F4 单元格的填充柄，向下进行填充，快速判断出所有职工是否优秀。

（20）函数名称：SUMIF

主要功能：对满足条件的单元格求和。

使用格式：SUMIF（range，criteria，sum_range）

参数说明：range 表示进行判断的条件的数据范围；criteria 表示进行判断的条件；sum_range
表示实际求和的数据范围。

应用举例：如图 5-41 所示，在 G10 单元格中计算出所有工龄工资大于 300 的职工的应发工资总额。操作步骤如下。

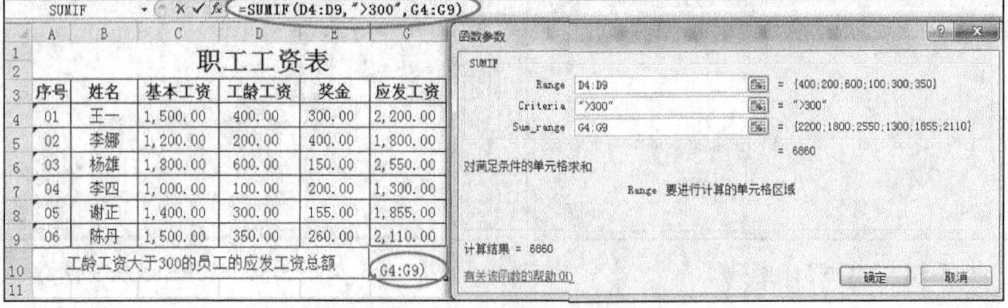

图 5-41 SUMIF 函数

步骤 1：选中 G10 单元格，插入 SUMIF 函数，计算符合题目条件的职工的应发工资总额。

步骤 2：在 SUMIF 函数编辑器中设置 range 参数，所有职工的工龄工资单元格区域，即 D4：
D9 单元格区域。

步骤 3：criteria 参数为判断条件，工龄工资大于 300 则为">300"（注：因为 range 参数设置

了判断条件的主体区域，故此处只有判断条件本身）

步骤 4：sum_range 参数为最终实际计算的应发工资单元格区域，即 G4：G9 单元格区域。

步骤 5：单击"确定"按钮完成函数操作。此例中 G10 单元格最终显示的数值为"6860"。

（21）函数名称：COUNTIF

主要功能：统计某个单元格区域中符合指定条件的单元格数目。

使用格式：COUNTIF（Range，Criteria）

参数说明：Range 代表要统计的单元格区域；Criteria 表示指定的条件表达式。

函数举例：如图 5-42 所示，在 G10 单元格中计算出所有工龄工资大于 300 的职工的个数。操作步骤如下。

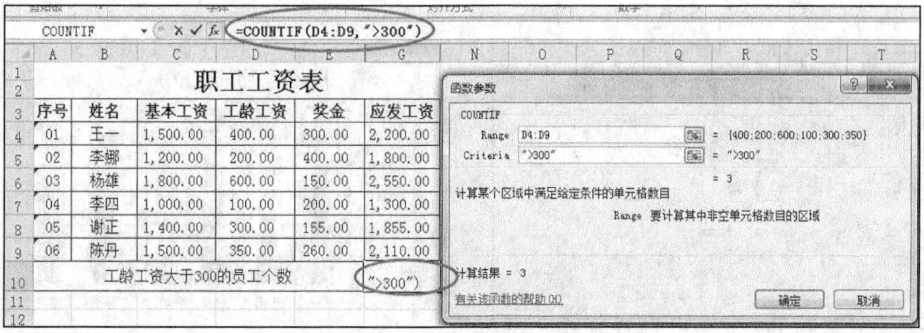

图 5-42　COUNTIF 函数

步骤 1：选中 G10 单元格，插入 COUNTIF 函数，计算符合题目条件的职工的个数。

步骤 2：在 COUNTIF 函数编辑器中设置 range 参数，所有职工的工龄工资单元格区域，即 D4：D9 单元格区域。

步骤 3：criteria 参数为判断条件，工龄工资大于 300 则为">300"。

步骤 4：单击"确定"按钮完成函数操作。此例中 G10 单元格最终显示的数值为"3"。

5.4　电子表格中的图表制作

数据所表达的信息常常显得枯燥乏味，不易抓住重点，特别是当数据比较多的时候，该如何让数据更直观地表现出来呢？毫无疑问就是使用图表。Excel 能够把数据转化成图表，迅速而形象地把数据表现出来，让人一目了然。

5.4.1　图表的创建

Excel 中的图表是基于一个已存在数据的工作表转化而成的，大致有 7 种图表类型，分别是：柱形图、折线图、饼状图、条形图、面积图、散点图和其他图表。其主要表现形式如下。

柱形图：用来比较两个或以上的数据，易于比较各组数据之间的差别。

条形图：类似柱形图。

折线图：主要用来表示随时间（根据常用比例设置）而变化的连续数据，因此非常适用于显示在相等时间间隔下数据的趋势。

饼状图：某数据在一个整体中的比例。

散点图：表示因变量随自变量而变化的大致趋势，或区域中的数据密度。

面积图：强调数量随时间而变化的程度，也可用于引起人们对总值趋势的注意。

图表的建立大致有如下两种方法。

1. 方法 1

步骤 1：选择要生成图表的数据（先选中一行或一列数据，然后再现有选中数据的基础上，按住 Ctrl 键再选中下一行或一列数据，依次来增加选中的数据），如图 5-43 和图 5-44 所示。

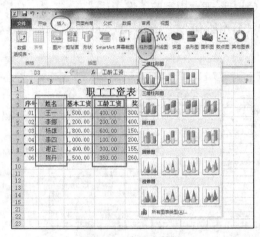

图 5-43　先选中数据

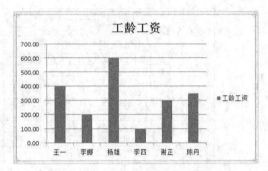

图 5-44　先选中数据后建立的图表

步骤 2：在选择完数据后鼠标左键单击"插入"选项卡中的"图表"功能区，选择一个合适的图表种类。

2. 方法 2

步骤 1：鼠标左键单击"插入"选项卡中的"图表"功能区，选择一个合适的图表种类，如图 5-45（a）所示。

步骤 2：在空白图表的"设计"选项卡中的"数据"功能区里单击"选择数据"按钮，进入"选择数据源"窗口，在"图表数据区域"先选择"姓名"数据列，然后按住 Ctrl 键增加"工龄工资"数据列，如图 5-45（b）所示。

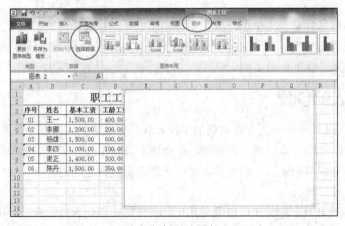

（a）先建立空白图表

图 5-45　方法 2

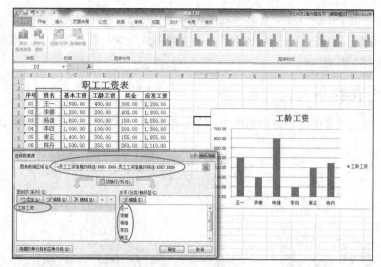

（b）设置图表数据来源

图 5-45　方法 2（续）

数据选定完成后单击"确定"按钮，建立的图表同方法 1 最终建立的图表。

方法 1 与方法 2 除了操作的顺序不同外，最终的结果是相同的。

5.4.2　图表的编辑

1. 图表的删除

若要删除图表本身，则点选中图表后按 Delete 键删除；若要删除图表中的数据，则可在数据表中删除，图表的数据来源变化，则图表也相应变化。

2. 图表的复制

若要复制图表，可选中图表后鼠标右键单击，在弹出的菜单中选择"复制"，然后在需要的地方粘贴图表；或选中图表后按住 Ctrl 键的同时用鼠标左键拖动图表至需要的位置。

3. 图表的移动

若需要移动图表，可以选中图表后用鼠标左键拖动，或用右键单击图表，在弹出的菜单中选择"移动图表"，在"移动图表"编辑窗口选择图表要移动到的位置，如图 5-46 所示。

图 5-46　移动图表编辑窗口

5.4.3　图表的设计

当用鼠标点选中图表后，在选项卡的位置会多出三个选项卡内容，分别为"设计""布局""格式"，如图 5-47 所示。

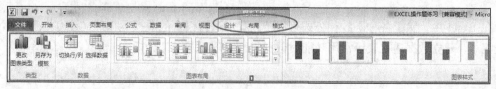

图 5-47　图表的三个特定选项卡

图表的设计选项卡中的内容主要是选择图表的数据来源，设计图表的种类以及样式。在"设计"选项卡的功能区可以设置图表为 11 种图表种类的任意一种，选择图表的数据来源，切换图表的行列数据，改变图表的样式等。

5.4.4　图表的布局

在图表的布局选项卡中我们可以对图表的各种细节加以设置和修改，如图 5-48 所示。

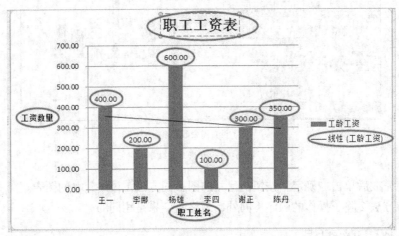

图 5-48　图表的布局设置

我们可以更改图表的标题、为图表中的数据加上数据标签、增加网格线、加上趋势图，添加形状和文本等。

5.4.5　图表的格式

在图表的布局选项卡中主要可以对图表的美观进行设置，如图 5-49 所示。

图 5-49　图表的格式

我们可以对图表的各种外观、艺术字体、彩色填充字体效果、字体颜色、图表的尺寸和对齐方式等加以设置和修改。

5.5　电子表格中的数据管理和统计

在 Excel 中，除了各种函数和公式可以帮助我们进行很多的数据运算外，还有排序、筛选、分类汇总、建立数据透视表等常用功能对数据进行管理以及统计分析。

5.5.1　数据的排序

数据排序是常用的一种数据处理方法，可按照某种特定的规则来重新排列数据。排序功能可以使我们更清晰地看到数据，排序的方法主要有如下 2 类。

1. 一般排序

步骤 1：选中要进行排序的某一列（Excel 中默认的排序是按照数据列为单位的）数据中的任一单元格，此例中选择应发工资中的 G2 单元格，如图 5-50 所示。

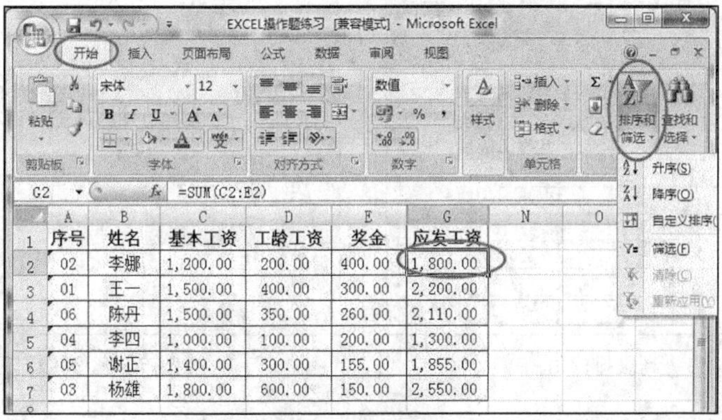

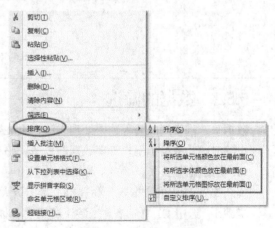

图 5-50　一般性排序

步骤 2：在 "开始"选项卡的 "编辑"功能区选单击"排序和筛选"按钮，此时弹出的菜单中会有"升序""降序"以及"自定义排序"。此例中选择"升序"，则当前单元格所在的列数据会按照选择重新排列顺序（若想要按照数据行来对数据进行排序，方法见高级排序），最终结果如图 5-51 所示。

或我们选中要进行排序的某一列数据中的任一单元格，鼠标右键单击，在弹出的菜单中选择"排序"，此时会展开下级菜单，除了"升序""降序""自定义排序"外还会有"将所选单元格颜色放在最前面""将所选字体颜色放在最前面"及"将所选单元格图标放在最前面"三个特殊选项，如图 5-52 所示。

图 5-51　排序的结果　　　　图 5-52　菜单排序选项

2. 高级排序

步骤 1：选中要进行排序的数据表中的任一单元格，在"数据"选项卡中的"排序和筛选"功能区单击"排序"按钮，如图 5-53 所示。

步骤 2：在打开的排序设置窗口中选择排序的关键字，此例中选择"应发工资"，然后按照需对"排序依据"与"次序"参数进行设置，完成后单击"确定"按钮，最终结果如图 5-54 所示。

图 5-53　高级排序

图 5-54　高级排序设置

注意

若想按照数据表中的行来进行数据的排序，则在高级排序中的排序设置窗口单击"选项"按钮，如图 5-55 所示，在排序选项窗口中"选择按行排序"。

图 5-55　排序选项设置

5.5.2　数据的筛选

数据筛选是常用的一种数据处理方法，可在数据表中挑出满足我们要求的数据，极大地节省了用户的时间，提高了用户管理数据的效率。筛选的方法主要有以下 2 种。

1. 自动筛选

如图 5-76 所示的数据表，筛选出工龄工资大于等于 200，奖金大于等于 200 的职工名单。

步骤 1：选中 C1 单元格（工龄工资属性名称单元格），鼠标左键单击"开始"选项卡中"编辑"区域的"排序和筛选"，在展开菜单中选择"筛选"，如图 5-56 所示。

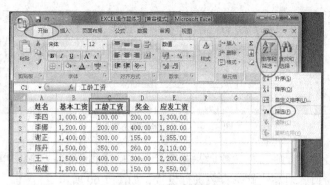

图 5-56　自动筛选

步骤 2：此时"姓名""基本工资""工龄工资""奖金"和"应发工资"属性名称单元格的右下角会出现"下拉箭头"按钮。点开下拉箭头，在展开的菜单中选择"数字筛选"→"大于或等于"，如图 5-57 所示。

图 5-57　自动筛选设置

步骤 3：将条件"大于或等于"对应的值设置为"200"，单击"确定"按钮。

步骤 4："奖金"属性的设置过程同上，最终结果如图 5-58 所示。

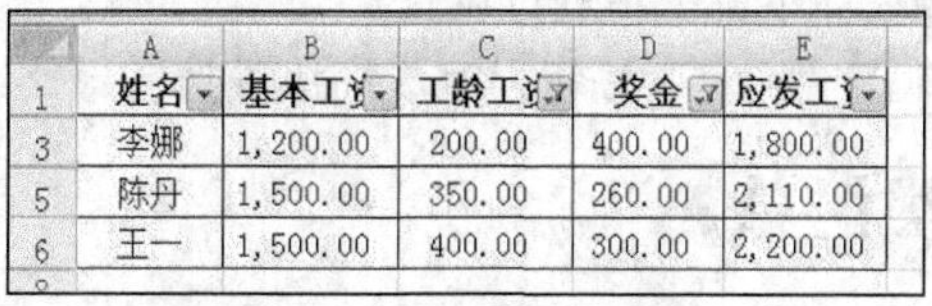

	A	B	C	D	E
1	姓名	基本工资	工龄工资	奖金	应发工资
3	李娜	1,200.00	200.00	400.00	1,800.00
5	陈丹	1,500.00	350.00	260.00	2,110.00
6	王一	1,500.00	400.00	300.00	2,200.00

图 5-58　自动筛选的结果

2. 高级筛选

步骤 1：在数据表格外的空白单元格建立筛选条件，筛选条件建立时一定要把条件主体（属性名称）和条件上下分开，如图 5-59 所示。

图 5-59　建立高级筛选条件

步骤 2：筛选条件建立好后在"数据"选项卡→"排序和筛选"区域中单击"高级"按钮，进入高级筛选设计窗口，对高级筛选参数进行设置，如图 5-60 所示。

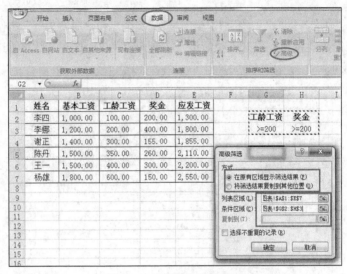

图 5-60　高级筛选参数设置

参数"方式"：可以选择将筛选的结果是在原数据表位置显示（不合条件的数据会被隐藏，原数据表会变样）还是将筛选出的数据放置在其他指定的位置。本例中选择"在原有区域显示筛选结果"。

参数"列表区域"：原数据表全部数据区域（如有合并单元格的标题则不选）。本例中选择 $A$1:$E$7。

参数"条件区域"：自己建立的筛选条件的区域。本例中选择$G$2:$H$3。

参数"复制到"：平时为灰色无法设置，需要时先在参数"方式"中选择"将筛选结果复制到其他位置"，然后在此输入最终显示筛选结果的单元格区域地址（此区域地址列数需大于或等于原数据表列数，不然会提示失败）。本例中不进行设置。

步骤 3：参数设置完后单击"确定"按钮，完成高级筛选。最终结果同图 5-61。

5.5.3　数据的分类汇总

数据的分类汇总是常用的一种数据分析方法，可根据数据表中的某一项数据进行相关的信息汇总（统计）。示例如下。

如图 5-61 所示，现需要按部门统计出实发工资及奖金的发放总额。

步骤 1：按照要求对数据进行分类。本例中要求按照部门统计出数据，则对"部门"数据列进行排序，达到同样部门在一起的分类目的。选中 A1：A7 中任一单元格，单击"开始"选项卡→"编辑"区→"排序和筛选"，升序降序任选一种。

	A	B	C	D	E	F
1	部门	姓名	基本工资	工龄工资	奖金	应发工资
2	人事部	李四	1,000.00	100.00	200.00	1,300.00
3	财务部	李娜	1,200.00	200.00	400.00	1,800.00
4	人事部	谢正	1,400.00	300.00	155.00	1,855.00
5	业务部	陈丹	1,500.00	350.00	260.00	2,110.00
6	业务部	王一	1,500.00	400.00	300.00	2,200.00
7	人事部	杨雄	1,800.00	600.00	150.00	2,550.00

图 5-61　分类汇总原始数据表

步骤 2：单击"数据"→"分级显示"→"分类汇总"（鼠标需点在数据表区域中），打开分类汇总参数设置窗口，如图 5-62 所示，从上到下依次对参数进行设置。

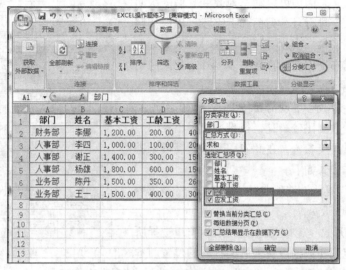

图 5-62　分类汇总参数设置

参数"分类字段"：选择我们进行分类的属性名称（需在步骤 1 中先对该字段进行分类，不然在此设置了也会显示错误结果）。本例中选择"部门"。

参数"汇总方式"：可选择数据汇总的方式，例如"求和""计数""平均值""最大值"等。本例中选择"求和"。

参数"选定汇总项"：可选择数据表中所有的属性字段，按需要在要统计的字段前打钩加以选定。

步骤 3：参数设置完后单击"确定"按钮，完成分类汇总。最终结果如图 5-63 所示。

	A	B	C	D	E	F
1	部门	姓名	基本工资	工龄工资	奖金	应发工资
2	财务部	李娜	1,200.00	200.00	400.00	1,800.00
3	财务部 汇总				400.00	1,800.00
4	人事部	李四	1,000.00	100.00	200.00	1,300.00
5	人事部	谢正	1,400.00	300.00	155.00	1,855.00
6	人事部	杨雄	1,800.00	600.00	150.00	2,550.00
7	人事部 汇总				505.00	5,705.00
8	业务部	陈丹	1,500.00	350.00	260.00	2,110.00
9	业务部	王一	1,500.00	400.00	300.00	2,200.00
10	业务部 汇总				560.00	4,310.00
11	总计				1,465.00	11,815.00
12						

图 5-63　分类汇总结果

注意

（1）分类汇总后若要将数据表回复原样，则鼠标单击在分类汇总区域中，然后单击“数据”→“分级显示”→“分类汇总”，在图 5-62 所示的参数设置窗口里单击左下角的“全部删除”按钮。

（2）分类汇总完成后在左侧地址栏的下方有分类汇总的显示方式级别 1 2 3，如图 5-63 左侧所示，可按需要或要求按照 1 级、2 级、3 级不同的信息详细度来展示。

5.5.4 数据透视表

数据透视表是一种非常有用的数据分析方法。之所以称为数据透视表，是因为可以动态地改变它们的版面布置，也可以重新安排行号、列标和页字段，以便按照不同方式分析数据。每一次改变版面布置时，数据透视表会立即按照新的布置重新计算数据。另外，如果原始数据发生更改，则可以更新数据透视表。

示例：如图 5-64 所示，现需要按商家统计各类产品的销售总计。原始数据比较杂乱，很难快速得出我们想要的数据结果以供决策参考，在此使用数据透视表来进行分析统计。操作步骤如下。

	A	B	C	D	E
1	商家	品牌	署期	销售数量	销售额
2	国美	文具	寒假	612	12331.8
3	苏宁	文具	平时	302	6085.3
4	国美	文具	署期	411	8281.65
5	京东	运动服	寒假	303	24240
6	国美	运动服	平时	102	8160
7	苏宁	运动服	署期	309	24720
8	国美	纪念品	寒假	1001	10240.2
9	京东	纪念品	平时	415	4245.45
10	国美	纪念品	署期	808	8265.84
11	苏宁	电子产品	寒假	1203	64962
12	国美	电子产品	平时	504	27216
13	京东	电子产品	署期	707	38178
14	京东	文具	寒假	680	13702
15	京东	文具	平时	315	6347.25
16	苏宁	文具	署期	432	8704.8
17	国美	运动服	寒假	312	24960
18	苏宁	运动服	平时	125	10000
19	国美	运动服	署期	307	24560
20	苏宁	纪念品	寒假	1085	11099.55
21	国美	纪念品	平时	455	4654.65
22	京东	纪念品	署期	821	8398.83
23	国美	电子产品	寒假	1206	65124
24	苏宁	电子产品	平时	518	27972
25	国美	电子产品	署期	728	39312

图 5-64　数据透视表用原始数据

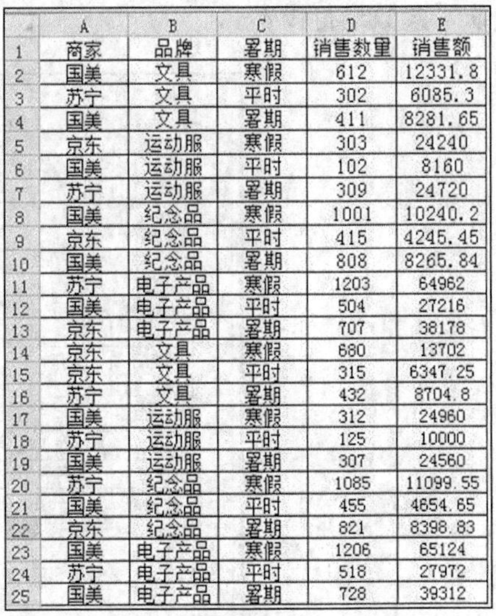

步骤 1：单击“插入”选项卡→“表格”→“数据透视表”，如图 5-65 所示。

步骤 2：在打开的 “创建数据透视表”窗口选择所要分析的数据表范围和数据透视表所要存放的位置。本例中分析数据表范围选择“A1：E25”；存放地址选择 “现有工作表”。

步骤 3：在出现的“数据透视表字段列表”设置窗口中，按需求将各字段拖放至“行标签”“列标签”“数值”等位置。此例中拖动“产品种类”至“列标签”处；拖动“商家”至“行标签”处；拖动“销售额”至“数值”处，如图 5-66 所示。

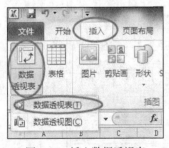

图 5-65　插入数据透视表

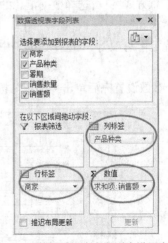

图 5-66　数据透视表字段列表设置窗口

步骤 4：字段列表设置完成后会根据选定的数据表区域的数据自动生成数据透视表，如图 5-67 所示，可以迅速直观地看到想要的分析统计数据。

求和项:销售额	列标签				
行标签	电子产品	纪念品	文具	运动服	总计
国美	131652	23160.72	20613.45	57680	233106.17
京东	38178	12644.28	20049.25	24240	95111.53
苏宁	92934	11099.55	14790.1	34720	153543.65
总计	262764	46904.55	55452.8	116640	481761.35

图 5-67　数据透视表结果

5.6　习　　题

一、选择题

1. Excel 中，Max（number1，number2，…）函数的作用是（　　）。

　　A. 返回一组数值中的最小值，忽略逻辑值及文本

　　B. 返回一组数值中的最小值，不忽略逻辑值及文本

　　C. 返回一组数值中的最大值，忽略逻辑值及文本

　　D. 返回一组数值中的最大值，不忽略逻辑值及文本

2. 新建一 Excel 文档，要在 A1：A100 的区域快速填充 1、2、3、…、98、99、100 这个步长为 1 的等差数列，可以采用的方法是（　　）。

　　A. 在 A1 单元格填入 1，向下拖动填充柄至 A100 单元格

　　B. 在 A1 单元格填入 100，按住 Ctrl 键向下拖动填充柄至 A100 单元格

　　C. 在 A100 单元格填入 100，按住 Ctrl 键向上拖动填充柄至 A1 单元格

　　D. 在 A100 单元格填入 100，向上拖动填充柄至 A1 单元格

3. 在下列图表类型中，在 Excel 里不可以实现的是（　　）。

　　A. 饼图　　　　　　　　　　　　　B. 正态曲线分布图

　　C. 折线图　　　　　　　　　　　　D. XY 散点图

4. 某学生要进行数据结构、操作系统和计算机组成原理三门课的考试。已知数据结构成绩是 85 分、操作系统成绩是 87 分，希望总分达到 240 分，需要求出计算机组成原理应考的分数。此类问题可以使用 Excel 中的（　　）功能来解决。

　　A. 自动求和　　　B. 公式求解　　　C. 单变量求解　　　D. 双变量求解

5. 在 Excel 中，如果想打印某块特定的区域，可以先用鼠标选中这块区域，然后（　　）。

　　A. 单击"文件"菜单中的"打印"命令

　　B. 单击"文件"菜单中的子菜单"打印区域"中的"设置打印区域"命令，再单击"文件"菜单中的"打印"命令

　　C. 单击"文件"菜单中的"打印预览"命令，再单击"打印预览"窗口中的"打印"按钮

　　D. 单击"视图"菜单中的"分页预览"命令，再单击"文件"菜单中的"打印"命令

6. 如果已知一个 Excel 表格 B1 单元格是空格，B2 单元格的内容为数值 2，B3 单元格的内容为数值 3，B4 单元格的内容为数值 4.5，B5 单元格的内容为数值 5.5，B6 单元格的内容为"=COUNT（B1:B5）"，那么，B6 单元格显示的内容应为（　　）。

　　A. 1　　　　　　　　B. 4　　　　　　　　C. 5　　　　　　　　D. 15

7. 在 Excel 的 A2 单元格中输入：=1=2，则显示的结果是（　　　）。

    A.　=1=2　　　　　　B.　=12　　　　　　C.　TRUE　　　　　　D.　FALSE

8. 下列关于 Excel 排序的叙述，不正确的是（　　　）。

    A.　可以递增排序　　　　　　　　　　　B.　可以指定按四个关键字排序

    C.　可以指定按三个关键字排序　　　　　D.　可以递减排序

9. 在 Excel 的 A1 单元格中输入：=6+16+MIN（16，6），按回车键后，A1 单元格中显示的值为（　　　）。

    A.　38　　　　　　　　B.　28　　　　　　　　C.　22　　　　　　　　D.　44

10. 在 Excel 工作表中，A1 单元格和 B1 单元格的内容分别为"信息"和"处理技术员"，要在 C1 单元格显示"信息处理技术员"，则应在 C1 单元格中输入（　　　）。

    A.　="信息"＋"处理技术员"　　　　　　B.=A1$B1

    C.　=A1＋B1　　　　　　　　　　　　　D.　=A1&B1

11. 在 Excel 中，A1，A2，B1，B2，C1，C2 单元格的值分别为 1、2、3、4、3、5，在 D1 单元格中输入函数 "=SUM（A1:B2，B1:C2）"，按回车键后，D1 单元格中显示的值为（　　　）。

    A.　25　　　　　　　　B.　18　　　　　　　　C.11　　　　　　　　D.7

12. 在 Excel 中，A1 单元格中的值 57.25，在 B1 单元格中输入函数 "=ROUND（A1，0）"，按回车键后，B1 单元格中的值为（　　　）。

    A.　57　　　　　　　　B.57.3　　　　　　　　C.　57.25　　　　　　　　D.　57.250

13. 在 Excel 中，C3:C7 单元格中的值分别为 10、OK、20、YES 和 48，在 D7 单元格中输入函数 "=COUNT（C3:C7）"，按回车键后，D7 单元格中显示的值为（　　　）。

    A.　1　　　　　　　　B.　2　　　　　　　　C.　3　　　　　　　　D.　5

14. 在 Excel 中，A1 单元格的值为 18，在 A2 单元格中输入公式 "=IF（A1>20,"优",IF（A1>10,"良"，"差"））"，按回车键后，A2 单元格中显示的值为（　　　）。

    A.　优　　　　　　　　B.　良　　　　　　　　C.　差　　　　　　　　D.　#NAME?

15. 在 Excel 中，下列关于分类汇总的叙述，不正确的是（　　　）。

    A.　分类汇总前必须按关键字段排序数据

    B.　汇总方式只能是全部求和

    C.　分类汇总的关键字段只能是一个字段

    D.　分类汇总可以被删除，但删除汇总后排序操作不能撤销

16. 在 Excel 中，使用工作表中的数据建立图表后，改变工作表的内容时，（　　　）。

    A.　图表也不会变化　　　　　　　　　　B.　图表将立刻随之改变

    C.　图表将在下次打开工作表时改变　　　D.　图表需要重新建立

17. 在 Excel 中，"（sum（A2:A4））*2" 的含义是（　　　）。

    A.　A2 与 A4 之比的值乘以 2

    B.　A2 与 A4 之比的 2 次方

    C.　A2、A3、A4 单元格的和乘以 2

    D.　A2 与 A4 单元格的和的平方

18. 小王在 Excel 中录入某企业各部门的生产经营数据，录入完成后发现报表略超一页，为在一页中完整打印，以下（　　　）做法正确。

    A.　将数据单元格式小数点后的位数减少一位，以压缩列宽

B. 将企业各部门的名称用简写，压缩列宽或行宽

C. 在打印预览中调整上、下、左、右页边距，必要时适当缩小字体，

D. 适当删除某些不重要的列或行

19. 在 Excel 中，A2 单元格的值为 "李凌"，B2 单元格的值为 100，要使 C2 单元格的值为 "李凌成绩为 100"，则可在 C2 单元格输入公式（　　　）。

A. ＝A2＆ "成绩为" ＆B2　　　　　　　　B. ＝A2+ "成绩为" +B2

C. ＝A2+成绩为+B2　　　　　　　　　　　D. ＝ ＆A2 "成绩为" ＆B2

20. 向 Excel 工作表当前单元输入公式时，使用单元格地址 DS2 引用 D 列第 2 行单元格，该单元格的引用称为（　　　）。

A. 交叉地址引用　　　　　　　　　　　　B. 混合地址引用

C. 相对地址引用　　　　　　　　　　　　D. 绝对地址引用

二、简答题

1. Excel 软件的主要功能作用是什么？

2. 在 Excel 中如何生成图表？

3. Excel 中运算符有几种类型？各自包含哪些运算符？

4. COUNT 函数和 COUNTA 函数的区别是什么？

三、案例分析与应用

1. 根据图 5-68 所示职工工资表制作一职工奖金比例图，具体要求为：以职工姓名与奖金数据为依据生成一饼状图，各职工奖金在饼状图中以百分比形式显示所占比例，并对图表进行适当美化，改变图表标题为 "职工奖金比例图" 并设置标题为 "彩色填充—红色，强调颜色 2"；设置图表底色为 "渐变填充-预设颜色为雨后初晴"；图表三维设置为 "棱台—顶端—棱台—艺术装饰"，最终效果如图 5-69 所示。

职工工资表								
姓名	基本工资	工龄工资	奖金	养老保险	医疗保险	失业保险	住房公积金	实发工资
王一	1,500.00	400.00	300.00	150.00	100.00	50.00	100.00	1,800.00
李娜	1,200.00	200.00	400.00	120.00	100.00	50.00	100.00	1,430.00
杨雄	1,800.00	600.00	150.00	200.00	100.00	50.00	100.00	2,100.00
李四	1,000.00	100.00	200.00	100.00	100.00	50.00	100.00	950.00
谢正	1,400.00	300.00	155.00	140.00	100.00	50.00	100.00	1,465.00
陈丹	1,500.00	350.00	260.00	150.00	100.00	50.00	100.00	1,710.00
合计	8,400.00	1,950.00	1,465.00	860.00	600.00	300.00	600.00	9,455.00

图 5-68　职工工资表

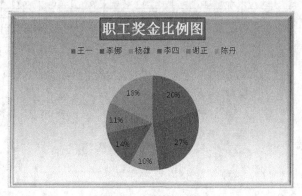

图 5-69　最终示例图

2. 根据图 5-70 所示"XX 部门职工工资表",在 sheet1 中使用自动筛选功能筛选出男性职工中基本工资大于或等于 1500 的人中实发工资最低的职工数据;在 sheet2 中筛选出基本工资大于1500 的女性职工或工龄工资大于等于 400 的职工数据,将筛选出的数据在 sheet2 表中的 A26:M35单元格区域显示。最终结果如图 5-71 所示。

序号	姓名	性别	基本工资	工龄工资	奖金	应得工资	养老保险	医疗保险	失业保险	住房公积金	实发工资	
						XX部门职工工资表						
01	王林	男	1,500.00	400.00	300.00	2,200.00	150.00	100.00	50.00	100.00	1,800.00	
02	李娜	女	1,200.00	200.00	400.00	1,800.00	150.00	100.00	50.00	100.00	1,400.00	
03	杨雄	男	1,800.00	600.00	150.00	2,550.00	200.00	100.00	50.00	100.00	2,100.00	
04	李司思	男	1,000.00	100.00	200.00	1,300.00	100.00	100.00	50.00	100.00	950.00	
05	谢正	男	1,400.00	300.00	150.00	1,850.00	150.00	100.00	50.00	100.00	1,450.00	
06	陈丹	女	1,500.00	350.00	260.00	2,110.00	150.00	100.00	50.00	100.00	1,710.00	
07	李怡柯	女	1,800.00	200.00	600.00	2,600.00	300.00	100.00	50.00	100.00	2,050.00	备注
08	苗娟	女	1,500.00	300.00	400.00	2,200.00	300.00	100.00	50.00	100.00	1,650.00	
09	安冬冬	女	1,300.00	400.00	300.00	2,000.00	300.00	100.00	50.00	100.00	1,450.00	
10	李珊珊	女	1,800.00	300.00	600.00	2,700.00	300.00	100.00	50.00	100.00	2,150.00	
11	谭琦	女	1,600.00	300.00	400.00	2,300.00	200.00	100.00	50.00	100.00	1,850.00	
12	路坦	男	1,400.00	200.00	300.00	1,900.00	100.00	100.00	50.00	100.00	1,550.00	
13	温暖	女	1,400.00	100.00	200.00	1,700.00	150.00	100.00	50.00	100.00	1,300.00	
14	李雷	男	1,350.00	200.00	300.00	1,850.00	100.00	100.00	50.00	100.00	1,500.00	
15	韩梅梅	女	1,500.00	350.00	200.00	2,050.00	150.00	100.00	50.00	100.00	1,700.00	
16	李帆	男	1,600.00	250.00	100.00	1,950.00	100.00	100.00	50.00	100.00	1,600.00	

图 5-70　素材图例

序号	姓名	性别	基本工资	工龄工资	奖金	应得工资	养老保险	医疗保险	失业保险	住房公积金	实发工资	
						XX部门职工工资表						
01	王林	男	1,500.00	400.00	300.00	2,200.00	150.00	100.00	50.00	100.00	1,800.00	
02	李娜	女	1,200.00	200.00	400.00	1,800.00	150.00	100.00	50.00	100.00	1,400.00	
03	杨雄	男	1,800.00	600.00	150.00	2,550.00	200.00	100.00	50.00	100.00	2,100.00	
04	李司思	女	1,000.00	100.00	200.00	1,300.00	100.00	100.00	50.00	100.00	950.00	
05	谢正	男	1,400.00	300.00	150.00	1,850.00	150.00	100.00	50.00	100.00	1,450.00	
06	陈丹	女	1,500.00	350.00	260.00	2,110.00	150.00	100.00	50.00	100.00	1,710.00	
07	李怡柯	女	1,800.00	200.00	600.00	2,600.00	300.00	100.00	50.00	100.00	2,050.00	备注
08	苗娟	女	1,500.00	300.00	400.00	2,200.00	300.00	100.00	50.00	100.00	1,650.00	
09	安冬冬	女	1,300.00	400.00	300.00	2,000.00	300.00	100.00	50.00	100.00	1,450.00	
10	李珊珊	女	1,800.00	300.00	600.00	2,700.00	300.00	100.00	50.00	100.00	2,150.00	
11	谭琦	女	1,600.00	300.00	400.00	2,300.00	200.00	100.00	50.00	100.00	1,850.00	
12	路坦	男	1,400.00	200.00	300.00	1,900.00	100.00	100.00	50.00	100.00	1,550.00	
13	温暖	女	1,400.00	100.00	200.00	1,700.00	150.00	100.00	50.00	100.00	1,300.00	
14	李雷	男	1,350.00	200.00	300.00	1,850.00	100.00	100.00	50.00	100.00	1,500.00	
15	韩梅梅	女	1,500.00	350.00	200.00	2,050.00	150.00	100.00	50.00	100.00	1,700.00	
16	李帆	男	1,600.00	250.00	100.00	1,950.00	100.00	100.00	50.00	100.00	1,600.00	
		性别	基本工资	工龄工资								
		女	>1500									
				>=400								
序号	姓名	性别	基本工资	工龄工资	奖金	应得工资	养老保险	医疗保险	失业保险	住房公积金	实发工资	备注
01	王林	男	1,500.00	400.00	300.00	2,200.00	150.00	100.00	50.00	100.00	1,800.00	
03	杨雄	男	1,800.00	600.00	150.00	2,550.00	200.00	100.00	50.00	100.00	2,100.00	
07	李怡柯	女	1,800.00	200.00	600.00	2,600.00	300.00	100.00	50.00	100.00	2,050.00	
09	安冬冬	女	1,300.00	400.00	300.00	2,000.00	300.00	100.00	50.00	100.00	1,450.00	
10	李珊珊	女	1,800.00	300.00	600.00	2,700.00	300.00	100.00	50.00	100.00	2,150.00	
11	谭琦	女	1,600.00	300.00	400.00	2,300.00	200.00	100.00	50.00	100.00	1,850.00	

图 5-71　最终结果示例

第6章
PowerPoint 演示文稿

PowerPoint 是 Microsoft Office 办公软件的一个重要组件，用于制作具有图文并茂效果的演示文稿。演示文稿由用户根据软件提供的功能自行设计、制作和放映，具有动态性、交互性和可视性，广泛应用在演讲、报告、产品演示和课件制作等的内容展示上，借助演示文稿，可更有效地进行表达与交流。

PowerPoint 2010 为制作演示文稿提供了一整套易学易用的工具。它除了能完成一般的文本演示文稿制作外，还提供了丰富的图形和图表制作功能，可以在幻灯片中创建各类图形、图表，插入图片，使幻灯片图文并茂，生动活泼。同时还增加了动画效果和多媒体功能，可以根据演示的内容设置不同的动画效果、动作及超链接来动态的组织和显示文本、图表，也可以插入演示者的旁白或背景音乐。另外，它还提供了不同的放映方式的设置和演示文稿的"打包"功能。演讲者可以很方便地设计制作出具有鲜明个性的幻灯片。

6.1　PowerPoint 演示文稿的基本概念

PowerPoint 引入"演示文稿"概念，把一部分零乱的幻灯片整编、处理形成一个幻灯片集进行演示。PowerPoint 是多媒体演示文稿软件，可以制作包含文字、图片、表格、组织结构图、音频、视频等内容的幻灯片，并将这些幻灯片编辑成演示文稿。PowerPoint 做出来的文件整体称为演示文稿，演示文稿中的每一页称为幻灯片，每张幻灯片都是演示文稿中既相互独立又相互联系的内容。用户可以在投影仪或计算机上进行演示，也可以将演示文稿打印出来，制作成胶片，以便应用到更广泛的领域中。

1. PowerPoint 2010 的窗口

PowerPoint 2010 的工作窗口和其他 Office 2010 组件的窗口基本相同，如图 6-1 所示。

标题栏：显示软件名称和当前文档名称，新建时系统默认的文档名为"演示文稿 1.pptx"。

　PowerPoint 2007 及之后的版本文件扩展名为.pptx， PowerPoint 2003 及之前的版本文件扩展名为.ppt。

功能选项卡：默认情况下提供开始、插入、设计、动画、幻灯片放映、审阅、视图 7 个功能选项卡，每个选项卡包含若干个组，每个组包含若干个命令。

幻灯片编辑区：位于工作窗口最中间，是编辑幻灯片的场所，是演示文稿的核心部分，在其中可以直观地看到幻灯片的外观效果，编辑文本、添加图形、插入动画和音频等操作都在该区域内完成。

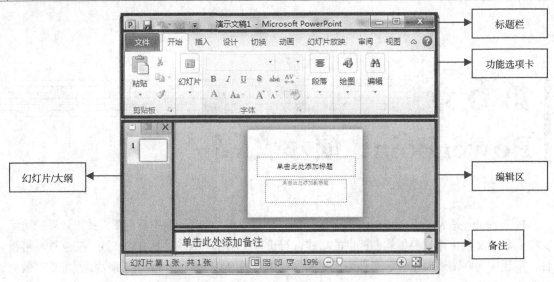

图 6-1 PowerPoint 2010 工作窗口

幻灯片/大纲窗格：位于"幻灯片编辑区"左侧，包括"大纲"和"幻灯片"两个选项卡，单击"大纲"选项卡，在该窗格中以大纲形式列出当前演示文稿中每张幻灯片中的文本内容，在该窗格中可以对幻灯片的文本进行编辑；单击"幻灯片"选项卡，在该窗格中将显示当前演示文稿中所有幻灯片的缩略图，但在该窗格中无法编辑幻灯片中的内容。

备注窗格：位于"幻灯片编辑区"的下方。在备注窗格中可以为幻灯片添加说明，提供幻灯片展示的内容背景和细节等。

2. 视图方式

PowerPoint 2010 根据不同的需要提供了多种的视图方式来显示演示文稿的内容。视图方式包括：普通视图、幻灯片浏览视图、备注页视图和幻灯片放映视图。当启动 PowerPoint 时，系统默认的是普通视图工作模式。

（1）普通视图

普通视图也称为编辑视图。在该视图下，可对演示文稿进行文字编辑，插入图形、图片、音频、视频，设置动画、切换效果、超链接等操作。

（2）幻灯片浏览视图

幻灯片浏览视图是以缩略图的形式来显示演示文稿。在该视图下，可以整体对演示文稿进行浏览，调整演示文稿的顺序，对幻灯片进行选择、复制、删除、隐藏等操作，对幻灯片的背景和配色方案进行调整，设置幻灯片的切换效果。

在幻灯片浏览视图下不能对幻灯片的内容进行编辑，只能对其进行调整。

（3）幻灯片放映视图

幻灯片放映视图显示的是演示文稿的放映效果，占据整个计算机屏幕，就像实际的演示一样。在该视图下，作者所看到的演示文稿就是观众将来看到的效果。可以看到图形、时间、影片、动画元素以及将在实际放映中看到的切换效果。

如果要退出幻灯片放映视图，可以按 Esc 键或单击鼠标右键，在弹出的快捷菜单中选择"结束放映"命令。

（4）备注页视图

在 PowerPoint 2010 中没有"备注页视图"按钮，只有在"视图"选项卡中选择"备注页"命令来切换至备注页视图。在备注页视图中可以看到画面被分成了两部分，上半部分是幻灯片，下半部分是一个文本框。文本框中显示的是备注内容，可以输入编辑备注内容。

如果在备注页视图中无法看清输入的备注文字，可选择"视图"选项卡中的"显示比例"命令，在打开的对话框中选择一个合适的显示比例。

除文字外，插入备注页中的对象只能在备注页中显示，可通过打印备注页打印出来，但是不能在普通视图模式下显示。

3. 幻灯片版式与占位符

幻灯片版式又叫作自动布局格式。它是幻灯片中各对象间的搭配布局，这种布局是否合理、协调，影响了整个视觉效果。所以，要根据不同的需要，选择不同的布局。幻灯片版式是一张幻灯片上各种对象（文本、表格、图片等）的格式和排列形式，如图 6-2 所示。在 PowerPoint 中的版式分为：文字版式、内容版式、文字和内容版式以及其他版式。

幻灯片版式在"开始"选项卡的"幻灯片"组中选择"幻灯片版式"命令打开。

当某张幻灯片应用一个新的版式时，该幻灯片中原有的文本和对象保留，但会重新排列位置，以适应新的版式。

在创建幻灯片时，若用户选择一种非空的自动版式，则该幻灯片中会自动给出相应的标题区域、文本区域和其他对象区域。它们分别用一个虚框表示，该虚框被称为"占位符"。单击占位符可以添加文字，或单击图标添加制定对象，如图 6-3 所示。

图 6-2　幻灯片版式

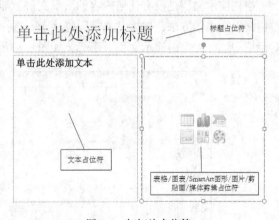

图 6-3　幻灯片占位符

占位符是 PowerPoint 提供的带有输入的提示信息。因此，占位符的编辑与普通文本框的编辑完全一致，用户可以通过改变幻灯片版式来更改幻灯片中占位符的类型和数量。

4. 演示文稿打印

PowerPoint 演示文稿可以采用幻灯片、讲义、备注页和大纲的形式进行打印。操作方法如下：单击"文件"选项卡→选择"打印"→单击子菜单中的"打印"命令，弹出"打印"对话框，进行设置，如图 6-4 所示。设置完成单击"确定"按钮。

图 6-4 "打印"对话框

6.2 演示文稿的基本操作

6.2.1 新建演示文稿

制作演示文稿的第一步就是新建演示文稿，PowerPoint 2010 中的"新建演示文稿"对话框提供了一系列创建演示文稿的方法，包括创建空白演示文稿、根据模版新建等。

1. 新建空白演示文稿

空白演示文稿是没有任何内容的演示文稿，即具备最少的设计且未应用颜色的幻灯片。新建空白演示文稿的方法：单击"文件"选项卡→选择"新建"命令，在弹出的"可用模板和主题"对话框中选择"空白演示文稿"图标，如图 6-5 所示。单击"创建"按钮完成。

图 6-5 新建空白演示文稿

2. 根据设计模板新建

设计模板就是带有各种幻灯片版式以及配色方案的幻灯片模板。打开一个模板后只需要根据自己的需要输入内容，这样就省去了设计文稿格式的时间，提高了工作效率。

PowerPoint 2010 提供了多种设计模板的样式供用户选择。在"新建演示文稿"对话框中，用户可以选择系统提供的模板，新建自己的文稿。操作方法：单击"文件"选项卡→选择"新建"命令，在弹出的"可用模板和主题"对话框中选择"样本模板"选项，然后在打开的"可用的模板和主题"列表中选择自己所需要的模板。如图 6-6 所示。单击"创建"按钮完成。

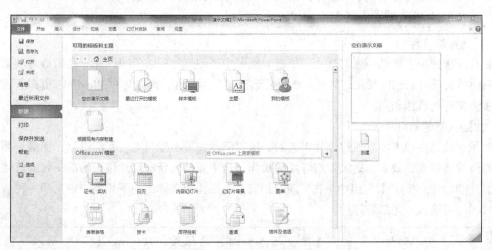

图 6-6　根据模板新建演示文稿

6.2.2　保存演示文稿

在 PowerPoint 中，当用户中断文稿编辑或退出是，必须"保存"，否则文稿将会丢失。保存时，演示文稿将作为"文件"保存在计算机上。保存的操作：单击 Office 按钮（或直接单击快速访问工具栏里的"保存"按钮）→选择"保存"命令→在弹出的"另存为"对话框中，设置保存位置，输入文件名称，选择保存类型→单击"保存"按钮完成。

如果是第一次保存，单击快速访问工具栏里的"保存"按钮，会弹出"另存为"对话框，如果文件已保存过，单击按钮后系统自动保存，将不再弹出"另存为"对话框。

6.2.3　页面设置

新建的演示文稿大小和页面布局是系统默认的，如果需要修改页面的大小和布局，则要在"设计"选项卡中单击"页面设置"命令，打开"页面设置"对话框。如图 6-7 所示。

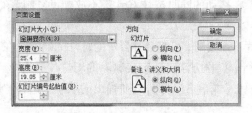

图 6-7　"页面设置"对话框

6.2.4 演示文稿布局

在制作演示文稿过程中，可以根据需要对其布局进行整体管理。幻灯片布局包括组成对象的种类、对象之间的位置等问题，需要根据不同的内容进行设计。如插入新幻灯片、调整幻灯片顺序、移动和复制幻灯片或者删除幻灯片等。

 幻灯片布局时要考虑单张幻灯片中的行数，一般一张幻灯片中的文字最好控制在 13 行内。若超出 13 行，则幻灯片中的文字将小于 20 号，这样在放映时有可能使观众浏览文字感到费力。

1. 选择幻灯片

在普通视图中，选择一张幻灯片，单击大纲区中该幻灯片的编号或图标。在幻灯片浏览视图中，只要单击就可以选中某张幻灯片。如果要选择多张幻灯片，操作与在 Windows 资源管理器中选择多个文件的操作相同。

2. 插入新的幻灯片

演示文稿是由很多零散的幻灯片组成的，所以演示文稿不能只有一张幻灯片，而需要插入更多的幻灯片增强表达效果。插入新幻灯片的操作：选中要插入新幻灯片位置的前一张幻灯片→在"开始"选项卡的"幻灯片"组中单击"新建幻灯片"按钮→在弹出的下拉列表中选择一种版式的幻灯片，即可插入一张新幻灯片。

 在"幻灯片"区，选定要插入幻灯片的位置，按 Enter 键即可插入一张新幻灯片。

3. 移动和复制幻灯片

要调整幻灯片的顺序或是要插入一张与已有幻灯片相同的幻灯片，可以通过移动和复制幻灯片来节约时间和精力。常用的方法有以下几种。

（1）在普通视图的"大纲/幻灯片"浏览窗格中，选择要移动的幻灯片图标，按住鼠标左键不放将其拖动到目标位置释放鼠标，便可移动该幻灯片，在拖动的同时按住 Ctrl 键不放则可复制该幻灯片。

（2）在普通视图的"大纲/幻灯片"浏览窗格中，选择要移动的幻灯片图标，单击鼠标右键，在弹出的快捷菜单中选择"剪切"或"复制"命令，然后将鼠标光标定位到目标位置处，单击鼠标右键，在弹出的快捷菜单中选择"粘贴"命令。

（3）在普通视图的"大纲/幻灯片"浏览窗格中，选择要移动的幻灯片图标，在"开始"选项卡的"剪贴板"组中单击"剪切"按钮 ✂ 剪切 或"复制"按钮 🗐 复制，鼠标光标定位到目标位置处单击"粘贴"按钮 📋。

（4）在幻灯片浏览视图中，选择要移动的幻灯片缩略图，然后按住鼠标左键不放将其拖动至目标位置，释放鼠标即可，在拖动的同时按住 Ctrl 键不放则可复制该幻灯片。

4. 删除幻灯片

当演示文稿中的幻灯片不需要时，可将其删除，幻灯片的删除可在"幻灯片浏览视图"或"大纲/幻灯片"浏览窗格中进行。操作方法：选定要删除的幻灯片→选择"开始"选项卡上的"幻灯片"组中单击删除 ⌧ 删除 按钮（或单击鼠标右键在弹出的菜单上选择"删除幻灯片"命令），即可删除该幻灯片。

选定要删除的幻灯片，按 Delete 键即可删除。

6.2.5　为幻灯片添加内容

在创建完演示文稿的基本结构之后，可以为幻灯片加上丰富多彩的内容。PowerPoint 2010 为用户提供了多种简便的方法，不仅可以添加文本，还可以为幻灯片添加更丰富的内容，如插入图片、剪贴画、艺术字、形状、SmartArt 图形、图表和表格等内容。

1. 文本处理

添加文本时，用户可直接将文本输入幻灯片的文本占位符中，也可以在占位符之外的任何位置使用"插入"功能选项卡上的"文本框"命令创建文本框，在文本框里可以输入文本。完成文本输入后，可将文本选中，选择"开始"选项卡，在"字体"组中对文字的大小、字体、颜色进行设置。

2. 插入对象

当用户在创建、编辑一个演示文稿时，仅仅只有文本内容是不够的，为了增强演示文稿的视觉效果，可以插入图片、剪贴画、形状、SmartArt 图形、图表和表格等对象内容。

（1）插入艺术字。为了使幻灯片的标题生动，可以使用插入艺术字功能，生成特殊效果的标题。

操作方法：选择要插入艺术字的幻灯片→打开插入选项卡，在"文本"组中选择"艺术字"命令，弹出下拉列表，如图 6-8 所示。在该列表中选择所需的艺术字样式即可在幻灯片中插入"请在此键入您自己的内容"占位符，此时只需要直接输入文本即可。单击"格式"选项卡"艺术字样式"组中的按钮可对艺术字的填充色、轮廓色及效果等进行更改。

（2）插入图片。在 PowerPoint 2010 中可以插入的图片分为剪贴画和来自文件的图片等。在操作时可以使用带有占位符的幻灯片版式进行插入，也可以利用命令进行插入。操作方法如下。

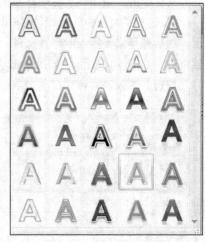

图 6-8　艺术字下拉列表

① 选择要插入图片的幻灯片→打开"插入"选项卡，单击"图像"组中的"图片"按钮，弹出"插入图片"对话框，如图 6-9 所示。在"查找范围"下拉列表中选择图片所在的文件夹并打开，在对话框中就显示出所有的图片。选择所需要的图片，然后单击"插入"按钮，选中的图片即可被插入当前幻灯片中。

② 选择带有图片占位符的版式，如图 6-10 所示。单击"插入来自文件的图片"按钮，系统弹出"插入图片"对话框。在"查找范围"下拉列表中选择图片所在的文件夹并打开，在对话框中就显示出所有的图片。选择所需要的图片，然后单击"插入"按钮，选中的图片即可被插入当前幻灯片中。

图 6-9 "插入图片"对话框

图 6-10 "图片占位符"版式

3．插入及录制声音

除了给演示文稿插入图片、艺术字等对象外，还可以插入音频，从而丰富演示文稿的表达效果。

（1）插入音频

1）插入文件或剪贴画音频。操作方法如下。

选中要插入声音文件的幻灯片→选择"插入"选项卡，单击"媒体"组中的"音频"按钮，弹出其下拉列表，如图 6-11 所示。列表中有"文件中的音频"和"剪贴画"两项选择。

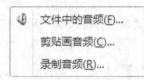

图 6-11 下拉列表

① 选择"文件中的音频"，弹出"插入音频"对话框，如图 6-12 所示。然后选择需要插入的声音文件，单击"确定"按钮。弹出提示框询问在放映幻灯片时如何播放声音，如图 6-13 所示；如果单击"自动"按钮，则放映时将自动播放声音；如果单击"在单击时"按钮，则放映时声音在单击鼠标后开始播放。

图 6-12 "插入音频"对话框

图 6-13 播放方式选择对话框

② 选择"剪贴画音频"，系统打开"剪贴画"任务窗格→选择剪辑管理器中列出的声音文件将其插入幻灯片中。

2）录制声音。操作方法如下。

① 选择"插入"功能选项卡上的"媒体"组中的"音频"下拉命令按钮，选择执行"录制音频"命令，系统弹出"录音"对话框，如图 6-14 所示。

② 单击开始录音按钮，即可开始录音。

③ 录音完毕，单击停止录音按钮。

④ 在"名称"文本框中输入文件名，单击"确定"按钮即可。

（2）插入视频

可插入的桌面视频文件格式包括 AVI 或 MPEG 等，文件扩展名包括.avi、.mov、.mpg、.mpeg 等。

另外，Microsoft Office 中的"剪贴画"功能将 GIF 文件归为影片剪辑一类，实际上这些文件并不是数字视频，所以不是所有影片选型都适用于动态 GIF 文件。操作方法如下。

① 在"普通"视图中选择要插入视频的幻灯片。

② 在"插入"选项卡的"媒体"组中单击"视频"按钮，弹出其下拉列表，如图 6-15 所示。列表中有"文件中的视频""来自网站的视频"和"剪贴画视频"三项选择。

图 6-14　"录音"对话框

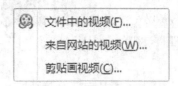

图 6-15　"插入视频"下拉列表

③ 选择"文件中的视频"，弹出"插入视频"对话框，选择需要插入的视频文件，单击"确定"按钮。弹出提示框询问在放映幻灯片时如何播放影片，如果单击"自动"按钮，则放映时将自动播放影片；如果单击"在单击时"按钮，则放映时影片在单击鼠标后开始播放。

④ 选择"来自网站的视频"，弹出"从网站插入视频"对话框，在网页地址栏输入视频地址，获取 HTML 代码。将代码粘贴到"从网站插入视频"对话框的文本框里。单击"插入"按钮。

⑤ 选择"剪贴画视频"，系统打开"剪贴画"任务窗格→选择剪辑管理器中列出的影片文件将其插入幻灯片中。

6.3　演示文稿的设计与制作

6.3.1　设置背景

演示文稿的背景对于整个演示文稿的放映来说是非常重要的，用户可以更改幻灯片、备注及讲义的背景色或背景设计。幻灯片背景色类型有：过渡背景、背景图案、背景纹理和背景图片等。如果用户只希望更改背景以强调演示文稿的某些部分，除可更改颜色外，还可添加底纹、图案、纹理或图片。更改背景时，可以将这项改变只应用于当前幻灯片，或应用于所有幻灯片或幻灯片母版。

PowerPoint 2010 提供了多种幻灯片背景，用户也可以根据自己的需要自定义背景，设置背景的操作方法如下。

（1）在普通视图中选定要更改背景的幻灯片。

（2）选择"设计"选项卡中的"背景"组，单击"背景样式"按钮，弹出其下拉列表，如图 6-16 所示。

（3）在该下拉列表中选择需要的样式选项，此时幻灯片编辑区中将显示应用该样式的效果，如果不满意，还可以单击下拉列表下方的"设置背景格式"按钮，弹出"设置背景格式"对话框，如图 6-17 所示。

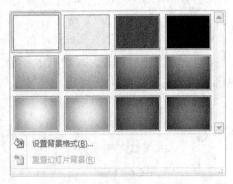

图 6-16 "背景样式"下拉列表

图 6-17 "设置背景格式"对话框

（4）单击"颜色"下拉按钮，系统显示"颜色"列表框供选择。

（5）在"颜色"列表框中选择"其他颜色"选项，打开"颜色"对话框，选择更多的其他颜色或者调配自己所需的颜色。

（6）在"背景"对话框中单击"全部应用"按钮，可将更改应用到所有的幻灯片和幻灯片母版中，否则只对当前幻灯片有效。单击"关闭"按钮完成设置。

 如果要隐藏单个幻灯片上的背景图形，则可选择"设计"功能选项卡上的"背景"组中的"隐藏背景图形"复选框。

6.3.2 母版设计

母版是一种特殊的幻灯片，可以定义整个演示文稿的格式，控制演示文稿的整体外观。PowerPoint 2010 有 3 种主要母版，包括幻灯片母版、讲义母版、备注母版。

1. 幻灯片母版

幻灯片母版是为所有幻灯片设置的默认版式和格式，包括字形、占位符大小和位置、背景设计和配色方案。其目的是使用户进行全局更改（如替换字形），并使该更改应用到演示文稿中的所有幻灯片。

幻灯片母版是模板的一部分，存储的信息包括：文本和对象在幻灯片上的放置位置、文本和对象占位符的大小、文本样式、背景、颜色主题、效果和动画。用户在"幻灯片母版"中进行的所有操作都将出现在所有幻灯片中，如果将一个或多个幻灯片母版另存为单个模板文件（.potx），将生成一个可用于创建新演示文稿的模板。幻灯片母版的操作方法如下。

（1）选择"视图"功能选项卡→选择"母版视图"组上的"幻灯片母版"命令，进入"幻灯片母版"视图，如图 6-18 所示。

（2）根据需要进行相关操作，方法和在普通幻灯片中的一样，如对占位符、文字格式、图片等操作。

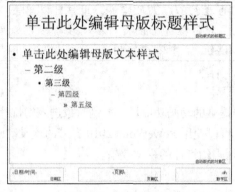

图 6-18　幻灯片母版

2. 讲义母版

讲义母板的操作与幻灯片母板相似，只是进行格式化的是讲义，而不是幻灯片。讲义可以使观众更容易理解演示文稿中的内容，讲义一般包括幻灯片图像和演讲者提供的其他额外信息等。在打印讲义时，选择"文件"→"打印"菜单命令，然后从"打印"对话框的"打印内容"列表框中选择"讲义"即可。在"讲义母板"中可增加页码（并非幻灯片编号）、页眉和页脚等，可在"讲义母版"工具栏选择在一页中打印 1、2、3、4、6、9 张幻灯片。

3. 备注母版

"备注母板"的操作与其他母板基本相似，对输入备注中的文本可以设定默认格式，也可以重新定位，并可以根据自己的意愿添加图形、填充色或背景等。备注要比讲义更有用。备注实际上可以当作讲义，尤其在对某个幻灯片需要提供补充信息时使用。备注页由单个幻灯片的图像及相关的附属文本区域组成，可以从"普通视图"中的"幻灯片视图"窗口下面的"备注"栏直接输入备注信息。

6.3.3　应用文档主题

通过应用文档主题，用户可以快速而轻松的设置整个演示文稿的格式，赋予它专业和时尚的外观。文档主题是一组格式选项，包括一组主题颜色、一座主题字体和一组主题效果。

1. 应用文档主题

应用文档主题操作方法如下。

（1）打开演示文稿→选择"设计"功能选项卡上的"主题"组。

（2）单击所需的文档主题，或单击其他下拉按钮，在下拉列表框中所需的文档主题即可。

2. 自定义文档主题

自定义文档主题主要从更改已使用的颜色、字体或线条和填充效果开始。对一个或多个这样的主题组件所做的更改将立即影响活动文档中已经应用的样式。如果要将这些更改应用到新文档，可以将它们另存为自定义文档主题。操作方法如下。

（1）打开演示文稿→选择"设计"功能选项卡上的"主题"组中的"颜色、字体、效果"下拉按钮。

（2）单击"颜色"下拉按钮，系统显示"颜色"下拉列表，用户可以进行所需颜色设置；单击"字体"下拉按钮，系统显示"字体"下拉列表，用户可以进行所需字体设置；单击"效果"下拉按钮，系统显示"效果"下拉列表，用户可以进行所需效果的设置。

提示　如果系统内置的颜色不能满足需要，用户可以单击"新建主题颜色"按钮，打开"新建主题颜色"对话框进行设置，在"名称"文本框输入一个新的主题颜色名称，单击"保存"按钮。（字体方法相同）

6.3.4　设置动画效果

利用 PowerPoint 2010 中提供的动画功能可以控制对象进入幻灯片的方式，控制多个对象动画的顺序。当设置动画效果时，可以使用 PowerPoint 2010 自带的预设动画，还可以创建自定义动画。为幻灯片设置动画效果可以增强幻灯片的视觉效果。

1. 设置预设动画

设置预设动画的具体操作方法如下。

（1）选择要设置预设动画的幻灯片对象。

（2）在"动画"功能选项卡"动画"组中单击下拉列表按钮，打开下拉列表框，选择需要的动画效果。

（3）设置对象动画效果后，单击"预览"组中的"预览"按钮，对其进行预览。

提示　只有先选择幻灯片对象，才能设置对象的动画效果，否则"动画"下拉列表框呈灰色，无法进行设置。在预览动画时，该预览是根据设置先后，对幻灯片的所有动画效果进行预览。

2. 自定义动画

若想对幻灯片的动画进行更多设置，或为幻灯片中的图形等对象也指定动画效果，则可以通过自定义动画来实现。操作方法如下。

（1）选择需设置自定义动画的幻灯片，单击"动画"功能选项卡，在"高级动画"组中选择"动画窗格"命令，打开"动画窗格"任务窗口，如图 6-19 所示。

（2）在幻灯片编辑区中选择该张幻灯片中需设置动画效果的对象，然后单击"动画"功能选项卡，在"高级动画"组中选择"添加动画"命令，打开下拉列表。下拉列表包含了 4 种设置，如图 6-20 所示。各种设置的含义如下。

图 6-19　动画窗格

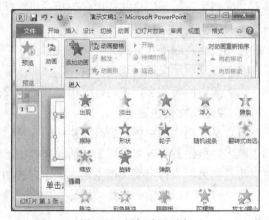

图 6-20　添加动画列表

① 进入：用于设置在幻灯片放映时文本及对象进入放映界面的动画效果，如旋转、飞入或随机线条等效果。

② 强调：用于在放映过程中对需要强调的部分动画效果，如放大/缩小等。

③ 退出：用于设置放映幻灯片时相关内容退出放映界面时的动画效果，如飞出、擦除或旋转等效果。

④ 动作路径：用于指定放映所能通过的轨迹，如直线、转弯、循环等。设置好路径后将在幻灯片编辑区中以红色箭头显示其路径的起始方向。

（3）修改某一动画效果，可在"动画窗格"中将其选中，然后在"动画"组列表中进行修改。如果想删除已添加的某个动画效果，则选择要设置的动画效果列表项，单击列表项右边的向下箭头按钮，弹出下拉菜单，在菜单里选择"删除"。

（4）下拉菜单里还可以设置选择对象的动画效果的开始时间，其中有"单击开始""从上一项开始""从上一项之后开始"3 个选项。

6.3.5　交互式演示文稿与动作按钮

1. 交互式演示文稿

在 PowerPoint 中，交互式的前提技术是超链接，超链接功能可以创建在任何幻灯片对象上，如文本、图形、表格或图片等。利用带有超链接功能的对象，可以制作具有交互功能的演示文稿。设置超链接的操作方法如下。

（1）选定欲设置对象，单击功能区"插入"选项卡"链接"组中的"超链接"命令，弹出链接对话框，设置链接的位置，如图 6-21 所示。

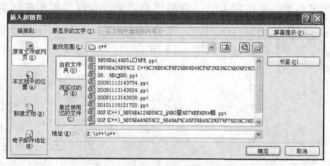

图 6-21　"插入超链接"对话框

（2）选择"插入"选项卡上的"链接"组→单击"动作"命令按钮，系统显示"动作设置"对话框，如图 6-22 所示。

图 6-22　"动作设置"对话框

（3）在"动作设置"对话框中，"单击鼠标"选项卡用以设置单击对象来激活超链接功能；"鼠标移过"选项卡用以设置鼠标移过对象来激活超链接功能。大多数情况下，建议采用单击鼠标的方式，如果采用鼠标移过的方式，可能会出现意外的跳转。通常鼠标移过的方式适用于提示、播放声音或影片。

（4）选择"超链接到"选项，打开下拉列表框并选择跳转目的地；"运行程序"选项可以创建和计算机中其他程序相连的链接；"播放声音"选项，能够实现单击某个对象并发出某种声音。单击"确定"按钮。

 提示 　　删除超链接方法：选择被超链接的文本或对象，在"动作设置"对话框中选择"无动作"选项即可。

2. 动作按钮

利用 PowerPoint 提供的动作按钮，可以将动作按钮插入演示文稿并为之定义超级链接，从当前幻灯片中链接到另一张幻灯片，或另一个程序，或互联网上的任何一个地方。动作按钮包括一些形状。通过使用这些常用的易理解符号转到下一张、上一张、第一张和最后一张幻灯片。在幻灯片中插入动作按钮的操作方法如下。

（1）选择要插入动作按钮的幻灯片。

（2）选择"插入"功能选项卡上的"插图"组→单击"形状"下拉命令按钮，在下拉列表中选择"动作按钮"选项，如图 6-23 所示。

（3）将鼠标指针移动到按钮选项上时，会出现黄色的提示框，指明按钮的作用。选择一种适合的动作按钮，在幻灯片中想要插入按钮的位置单击鼠标，或按住鼠标左键拖动，可插入一个动作按钮，并打开"动作设置"对话框，如图 6-24 所示。

图 6-23 "动作按钮"选项　　　　　　　　图 6-24 "动作设置"对话框

（4）单击"超级链接"单选项，然后在下方的下拉列表框中，选择要链接的目标选项。

（5）在"动作设置"对话框中，单击"运行程序"单选按钮，再单击"浏览"按钮，会打开"选择一个要运行的程序"对话框。

（6）在对话框中选择一个程序后，单击"确定"按钮，可建立一个用来运行外部程序的动作按钮。

（7）选中"播放声音"复选框，在下方的下拉列表框中，可以设置一种单击动作按钮时的声音效果。

（8）全部设置完后，单击"确定"按钮，完成动作按钮的插入。用此方法可以在幻灯片中插入多个链接到不同位置和目标对象的动作按钮。

6.3.6　设置幻灯片的切换效果

切换即从一个幻灯片切换到另一个幻灯片时采用各种方式出现在屏幕上，这是一种加在幻灯片之间的特殊效果。使用幻灯片切换后，幻灯片会变得更加生动。同时还可以为其设置 PowerPoint 自带的多种声音来陪衬切换效果，也可以调整切换速度。设置幻灯片切换效果的具体操作方法如下。

（1）单击演示文稿窗口的"幻灯片浏览视图"按钮，切换至幻灯片浏览视图。

（2）选择要添加效果的一张或一组幻灯片。

（3）选择"切换"选项卡，在"切换到此幻灯片"组中单击下拉按钮，弹出下拉列表。

（4）在该列表中选择需要的方案。

（5）在"声音"下拉列表框中，可以选择切换时播放的声音；如果要对演示文稿中所有的幻灯片应用相同的切换方式，可以单击"全部应用"按钮。

6.3.7　设置放映方式

幻灯片放映方式有演讲者放映、观众自行浏览和在展台浏览 3 种。设置方法：选择"幻灯片放映"功能选项卡上的"设置"组→单击"设置放映方式"命令，系统显示图 6-25 所示的对话框，可以进行放映类型、放映选项、换片方式、绘图笔颜色等参数设置。

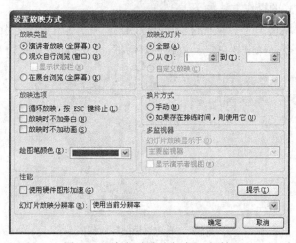

图 6-25　"幻灯片放映方式"对话框

1.　放映类型

放映类型包括演讲者放映（全屏幕）、观众自行浏览（窗口）和在展台浏览（全屏幕）3 种方式。放映类型是单选项，单击单选按钮选中。

（1）"演讲者放映（全屏幕）"选项是最常用的方式，通常用于演讲者指导演示幻灯片。在该方式下，演讲者具有对放映的完全控制权，并可用自动或人工方式运行幻灯片放映；演讲者可以暂停幻灯片放映，以添加会议细节或即席反应；还可以在放映过程中录下旁白。也可以使用此方式，将幻灯片放映投射到大屏幕上、主持联机会议或广播演示文稿。

（2）"观众自行浏览（窗口）"选项可运行小屏幕的演示文稿。例如个人通过公司网络或全球广域网浏览的演示文稿。演示文稿会出现在小型窗口内，并提供在放映时移动、编辑、复制和打印幻灯片的命令。在该方式下可以使用滚动条或 Page Up 和 Page Down 键从一张幻灯片移到另一张幻灯片。

（3）"在展台浏览（全屏幕）"选项可自动运行演示文稿。例如在展览会场或会议中播放演示文稿。如果摊位、展台或其他地点需要运行无人操作的幻灯片放映，可以将幻灯片放映设置为：运行时大多数的菜单和命令都不可用，并且在每次放映完毕后自动重新开始。观众可以浏览演示文稿内容，但不能更改演示文稿。

2．放映选项

放映选项包括"循环放映，按 Esc 键终止""放映时不加旁白"和"放映时不加动画"选项。如果选择"循环放映，按 Esc 键终止"选项，可循环运行演示文稿。需要说明的是如果用户选中"在展台浏览（全屏幕）"选项，此复选框将自动选中。

3．换片方式

"换片方式"选项区域主要可进行"手动"或者"如果存在排练时间，则使用它"设置。

4．绘图笔颜色

绘图笔颜色设置是选择放映幻灯片时绘图笔的颜色，便于用户在幻灯片上书写。

6.3.8 自定义放映方式

采用自定义放映方式，可以将不同的幻灯片组合起来，并加以命名，然后在演示过程中跳转到这些幻灯片上，不必针对不同的听众创建多个几乎完全相同的演示文稿，从而达到"一稿多用"的目的。自定义放映方式的操作方法如下。

（1）选择"幻灯片放映"选项卡上的"开始放映幻灯片"组中的"自定义放映"下拉命令→执行"自定义放映"命令，弹出"自定义放映"对话框，如图 6-26 所示。

图 6-26 "自定义放映"对话框

（2）单击"新建"按钮，弹出"定义自定义放映"对话框，在左侧列表框中按顺序选择需要放映的幻灯片，并添加至右侧列表框中。

（3）在"幻灯片放映名称"文本框中输入自定义放映名称，单击"确定"按钮。

（4）单击"放映"按钮即可放映。

6.3.9 放映时间

使用排练计时，可以利用预演的方式，为每张幻灯片设置放映时间，使幻灯片能够按照设置的排练计时时间自动进行放映。操作方法如下。

（1）打开演示文稿，选择"幻灯片放映"功能选项卡上的"设置"组→单击"排练计时"命令按钮，进入"预演幻灯片"模式，在屏幕上将会显示预演工具栏。

（2）在"预演"工具栏上单击"下一项"按钮，可排练下一张幻灯片的时间（时间的长短由用户自己定），单击"暂停"按钮，可以暂停计时，再单击可继续计时。单击"重复"按钮，将重新计时。

（3）排练结束时，会出现一个对话框，询问是否保留新的幻灯片排练时间，单击"是"按钮，则会在每张幻灯片的左下角显示该幻灯片的放映时间。

6.4　习　　题

一、选择题

1. PowerPoint 2010 的文件的默认扩展名是（　　）。

    A. docx　　　　　　B. txt　　　　　　C. xls　　　　　　D. pptx

2. PowerPoint 系统是一个（　　）软件。

    A. 文字处理　　　　B. 表格处理　　　　C. 图像处理　　　　D. 文稿演示

3. PowerPoint 的核心是（　　）。

    A. 标题　　　　　　B. 版式　　　　　　C. 幻灯片　　　　　D. 母板

4. 用户编辑演示文稿时的主要视图是（　　）。

    A. 普通视图　　　　　　　　　　　　B. 幻灯片浏览视图

    C. 备注页视图　　　　　　　　　　　D. 幻灯片放映视图

5. 幻灯片中占位符的作用是（　　）。

    A. 表示文本长度　　　　　　　　　　B. 限制插入对象的数量

    C. 表示图形大小　　　　　　　　　　D. 为文本、图形预留位置

6. 使用组合键（　　）可以退出 PowerPoint 2010。

    A. Ctrl+Shift　　　B. Shift+Alt　　　C. Ctrl+F4　　　　D. Alt+F4

7. 在 PowerPoint 2010 中，撰写或设计演示文稿一般在（　　）视图模式下进行。

    A. 普通视图　　　　　　　　　　　　B. 幻灯片放映视图

    C. 幻灯片浏览视图　　　　　　　　　D. 版式视图

8. 在演示文稿放映过程中，可随时按（　　）键终止放映，返回到原来的视图中。

    A. Enter　　　　　　B. Esc　　　　　　C. Pause　　　　　D. Ctrl

9. 单击（　　）功能区的相关命令可以插入文本框。

    A. 插入功能区　　　　　　　　　　　B. 设计功能区

    C. 视图功能区　　　　　　　　　　　D. 格式功能区

10. 设置幻灯片放映时间的命令是（　　）。

    A. "幻灯片放映"菜单中的"预设动画"命令

    B. "幻灯片放映"菜单中的"动作设置"命令

    C. "幻灯片放映"菜单中的"排练计时"命令

    D. "插入"菜单中的"日期和时间"命令

11. PowerPoint 内置的动画效果中，不包含（　　　）。

    A. 百叶窗   B. 溶解

    C. 蛇形排列   D. 渐变

12. PowerPoint 提供了多种（　　　），它包含了相应的母版和字体样式等，可供用户快速生成风格统一的演示文稿。

    A. 板式   B. 模板

    C. 母版   D. 幻灯片

13. 如果要对当前幻灯片的标题文本占位符添加边框线，首先要（　　　）。

    A. 使用"颜色和线条"命令   B. 选中标题文本占位符

    C. 切换至标题母版   D. 切换至幻灯片母版

14. 若要使制作的幻灯片能够在放映时自动播放，应该为其设置（　　　）。

    A. 超级链接   B. 动作按钮

    C. 排练计时   D. 录制旁白

15. 若演示文稿在演示时，需要从第一张幻灯片直接跳转到第五张幻灯片，则应在第一张幻灯片上添加（　　　），并对其进行相关设置。

    A. 动作按钮   B. 预设动画

    C. 幻灯片切换   D. 为自定义动画

16. 关于 PowerPoint 的叙述中，（　　　）是不正确的。

    A. PowerPoint 可以调整全部幻灯片的配色方案

    B. PowerPoint 可以更改动画对象的出现顺序

    C. 在放映幻灯片时可以修改动画效果

    D. PowerPoint 可以设置幻灯片切换效果

17. 在 PowerPoint 中，使用组合键（　　　）可以使选定的文本添加下划线。

    A. Alt+O   B. Ctrl+O   C. Ctrl+U   D. Alt+U

18. 在 PowerPoint 中，幻灯片（　　　）。

    A. 各个对象的动画效果出现顺序是固定的，不能随便调整

    B. 各个对象都可以使用不同的动画效果，并可以按任意顺序出现

    C. 每个对象都只能使用相同的动画效果

    D. 不能进行自定义动画设置

19. 如果一张幻灯片中的数据比较多，很重要，不能减少，可行的处理方法是（　　　）。

    A. 用动画分批展示数据   B. 缩小字号，以容纳全部数据

    C. 采用多种颜色展示不同的数据   D. 采用美观的图案背景

20. 若将一张幻灯片中的图片及文本框设置成一致的动画效果后，则（　　　）动画效果。

    A. 图片和文本框都没有   B. 图片没有而文本框有

    C. 图片和文本框都有   D. 图片有而文本框没有

二、简答题

1. PowerPoint 2010 窗口由哪些部分组成？

2. PowerPoint 的主要功能是什么？

3. 什么是演示文稿的母板？有什么作用？

4. 什么是自定义放映？如何创建自定义放映？

三、案例分析与应用

请使用 PowerPoint 2010 制作一个演示文稿，介绍 Excel 2010 的主要组成及功能，每项组成最少用一张幻灯片介绍。

1. 有必要的文字说明；
2. 幻灯片上配置相应的图片；
3. 幻灯片上的对象有动画效果；
4. 幻灯片有切换效果；
5. 能自动播放。

第7章
计算机数据表示方法

要深入地了解计算机工作的技术细节，就必须熟知计算机内部数据的表示方法。从计算机的组织结构和实现这种结构的电路器件可知，计算机只能处理由"0"和"1"组成的数据串。本章重点介绍数据和编码在计算机中的表示方法和相互转换的原理。通过本章的学习，读者应了解数据在计算机中的表示方法，重点掌握计算机处理由"0"和"1"组成的数据串的原理。

7.1 计算机中的数据表示

数据是信息的载体，各种各样的信息，如数字、文字、图像、声音和视频等，在计算机中都可以变成数据。人们在生活中常见的信息，不论是数字还是多媒体，计算机都不能直接进行处理，计算机只能识别由 0 和 1 组成的序列，通常称为二进制编码形式。采用二进制表示的信息才能够被计算机识别、处理和传输。

7.1.1 计算机和二进制数据

计算机是一种电器设备，内部采用的都是电子元件，用电子元件表示两种状态是最容易实现的，例如电路的通和断、电压高低等，而且稳定和容易控制。把两种状态用 0 和 1 来表示，就是用二进制数表示计算机内部的数据。因此，计算机是一个二进制数字世界。在二进制系统中只有两个数："0"和"1"。不论是指令还是数据，在计算机中都采用了二进制编码形式。即便是图形、声音等这样的信息，也必须转换成二进制数编码形式，才能存入计算机中。

计算机存储器中存储的都是由"0"和"1"组成的信息。但它们却分别代表各自不同的含义，有的表示机器指令，有的表示二进制数据，有的表示英文字母，有的则表示汉字，还有的可能是表示色彩与声音。存储在计算机中的信息采用了各自不同的编码方案，就是同一类型的信息也可以采用不同的编码形式。

虽然计算机内部均用二进制数来表示各种信息，但计算机与外部交往仍采用人们熟悉和便于阅读的形式，如十进制数据、文字显示以及图形描述等，其间的转换由计算机系统的硬件和软件来实现。

计算机采用二进制表示的优点：数字装置简单可靠，所用元件少，只有两个数码 0 和 1，因此它的每一位数都可以用任何具有两个不同稳定状态的元件来表示；基本运算规则简单，运算操作方便。

计算机采用二进制表示的缺点：用二进制表示一个数时，位数太多。因此实际使用中，一般采用十进制将数字送入数字系统，然后由计算机将十进制数转换为二进制数进行处理。处理之后，再由计算机将二进制数转换为十进制数供人们阅读。

7.1.2　计算机中常见的数据单位

在计算机中能够直接表示和处理的数据有两大类：数值数据和符号数据。数值数据用于表示数量的多少，可带有表示数值正负的符号位。日常所使用的十进制数要转换成等值的二进制数才能在计算机中存储和操作。符号数据又叫非数值数据，包括英文字母、汉字、运算符号以及其他专用符号。它们在计算机中也要被转换成二进制编码的形式。

计算机中常见的数据单位为位、字节和字。

（1）位（bit）：位是计算机中存储数据的最小单位，称为"比特"，指二进制数中的一个位数，其值为"0"或"1"。一位二进制数有两种状态，两位二进制数可以表示四种状态，位数越多，能够表示的状态就越多。

（2）字节（Byte）：字节是计算机存储容量的基本单位，用"B"表示，计算机存储容量的大小通常用字节的多少来衡量的。一个字节通常可以表示为 8 位。

除了字节以外，还有 KB（千字节）、MB（兆字节）和 GB（吉字节），它们的换算关系为：

1Byte=8bit

1KB=2^{10}Byte=1024 Byte

1MB=2^{10}KB=2^{20}Byte

1GB=2^{10}MB=2^{20}KB=2^{30}Byte

1TB=2^{10}GB=2^{40}Byte

一张光盘容量为 600MB ≈600000000B（6 亿 B），可容纳 6 亿个英文字符或 3 亿个汉字。

（3）字（word）：字是中央处理器对数据进行处理的单位，字中所含的二进制位数称为字长。一个字通常由一个或若干个字节组成。计算机字的长度越长，则其精度和速度越高。字长通常有 8 位、16 位、32 位、64 位等。如果一个计算机的字由 8 个字节组成，则字的长度为 64 位，通常被称为 64 位机。

7.2　数制的概念与数制之间的转换

7.2.1　数制的概念

数制是人们利用符号进行计数的科学方法。用一组固定的数字和一套统一的规则来表示数目的方法称为数制。数制有很多种，在计算机中常用的数制有二进制、八进制、十进制和十六进制。数制有进位计数制与非进位计数制之分，目前一般使用进位计数制。在日常生活中，人们习惯于用十进制计数。

1. 基数与位权

在进位计数制中有基数和位权两个基本概念。

（1）基数

计数制允许选用的基本数字符号的个数叫基数。例如，十进制数的基数就是十，基本数字符号有 10 个，它们是 0、1、2、3、4、5、6、7、8、9。在基数为 R 的计数制中，包含 R 个不同的数字符号，每当数位计满 R 就向高位进 1，即"逢 R 进 1"，例如，在十进制中就是逢十进一。

（2）位权

一个数字符号处在一个数的不同位时，它所代表的数值是不同的。每个数字符号所表示的数值等于该数字符号值乘以一个与数码所在位有关的常数，这个常数叫作"位权"，简称"权"。位权的大小是以基数为底，数字符号所在位置的序号为指数的整数次幂（注意：序号=位号 – 1，整数部分的个位位置的序号是 0）。

（3）常用的进位制

常用的进位制如表 7-1 所示。

表 7-1　　　　　　　　　　　　　　　常用进位制

进位制	十进制	二进制	八进制	十六进制
基数	10	2	8	16
数字	0~9	0,1	0~7	0~9,A,B,C,D,E,F

2. 计算机常用的数制类型

（1）十进制

在一个十进制数中，不同位置上的数字符号代表的值是不同的。例如：

$$(256.73)_{10}=2 \times 10^2+5 \times 10^1+6 \times 10^0+7 \times 10^{-1}+3 \times 10^{-2}$$
$$=200+50+6+0.7+0.03$$
$$=256.73$$

十进制数具有以下特点。

① 数字的个数等于基数 10，即 0、1、…、9 十个数字。

② 最大的数字比基数小 1，采用逢十进一。

③ 每个数字符号都带有暗含的"权"，这个"权"是 10 的幂次，"权"的大小与该数字离小数点的位数及方向有关。

（2）二进制

二进制数制，由 0 和 1 两个基本符号组成，其特点是"逢二进一"，在二进制数中，当数字符号处于不同位置上时，所表示的数值也不同。例如：

$$(1110)_2=1 \times 2^3+1 \times 2^2+1 \times 2^1+0 \times 2^0$$

二进制数具有以下特点。

① 数字的个数等于基数 2，即 0、1 两个数字。

② 最大的数字比基数小 1，采用逢二进一。

③ 每个数字符号都带有暗含的"权"，这个"权"是 2 的幂次，"权"的大小与该数字离小数点的位数及方向有关。

二进制数的性质如下。

① 移位性质：小数点左移一位，数值减小一半；小数点右移一位，数值扩大一倍。

② 奇偶性质：最低位为 0，该数为偶数；最低位为 1，该数为奇数。

（3）八进制

在八进制计数系统中，基数为 8，有 0 ~ 7 共 8 个不同的数字符号，规则为"逢八进一"。对于一个八进制数，不同位置上的数字符号代表的值是不同的。

例如，八进制数 762.16 可以表示为

$$(762.16)_8 = 7 \times 8^2 + 6 \times 8^1 + 2 \times 8^0 + 1 \times 8^{-1} + 6 \times 8^{-2}$$

（4）十六进制

在十六进制计数系统中，基数为 16，有 0 ~ 9，A、B、C、D、E、F 共 16 个不同数字符号，其中 A ~ F 分别对应十进制数的 10 ~ 15，规则为"逢十六进一"。在一个十六进制数中，不同位置上的数字符号代表的值是不同的。

例如，十六进制数 1BF3.A 可以表示为

$$(1BF3.A)_{16} = 1 \times 16^3 + 11 \times 16^2 + 15 \times 16^1 + 3 \times 16^0 + 10 \times 16^{-1}$$

由以上可以看出，各种进位计数制中的权的值恰好是基数的某次幂。因此，对任何一种进位计数制表示的数都可以写出按其权展开的多项式之和。

几种进制之间的对应关系见表 7-2。

表 7-2　　　　　　　　　　几种进制之间的对应关系

十进制	二进制	八进制	十六进制	十进制	二进制	八进制	十六进制
0	0	0	0	8	1000	10	8
1	1	1	1	9	1001	11	9
2	10	2	2	10	1010	12	A
3	11	3	3	11	1011	13	B
4	100	4	4	12	1100	14	C
5	101	5	5	13	1101	15	D
6	110	6	6	14	1110	16	E
7	111	7	7	15	1111	17	F

7.2.2　数制之间的转换

把一个数由一种进制转换为另一种进制称为进制之间的转换。虽然计算机通常采用二进制表示信息，但是二进制在实际的使用中不是很直观和方便，通常在操作中使用十进制数输入输出，假设我们要计算 A 和 B 两个数的加法运算，首先要将 A 和 B 两个十进制的数转化为二进制数，然后经计算机识别和处理，最终转化为十进制数输出，这个转换过程由计算机系统自动完成。

1. 二进制数、八进制数、十六进制数转化为十进制数

二进制数、八进制数、十六进制数转换为十进制数的规律是相同的。把二进制数、八进制数、十六进制数按位权形式展开多项式和的形式，求其最后的和，就是其对应的十进制数，简称"按权求和"。

例 7.1　把二进制数 $(11000.11)_2$ 转换为十进制数。

$$(11000.11)_2 = 1 \times 2^4 + 1 \times 2^3 + 0 \times 2^2 + 0 \times 2^1 + 0 \times 2^0 + 1 \times 2^{-1} + 1 \times 2^{-2}$$
$$= 16 + 8 + 0 + 0 + 0 + 0.5 + 0.25$$
$$= 24.75$$

例 7.2　把八进制数 $(237)_8$ 转换为十进制数。

$$(237)_8 = 2 \times 8^2 + 3 \times 8^1 + 7 \times 8^0$$
$$= 128 + 24 + 7$$
$$= 159$$

例 7.3　把十六进制数 $(23B.01)_{16}$ 转换为十进制数。

$$(23B.01)16=2 \times 16^2+3 \times 16^1+11 \times 16^0+0 \times 16^{-1}+1 \times 16^{-2}$$
$$=512+48+11+0.0039$$
$$=571.0039$$

2. 十进制数转化为二进制、八进制、十六进制数

在进制转换中，整数部分和小数部分的转化规则不同，所以分为整数部分的转化和小数部分的转换。

（1）整数部分的换算

将已知的十进制数的整数部分反复除以 R（R 为基数，取值为 2、8、16，分别表示二进制、八进制和十六进制），直到商是 0 为止，并将每次相除之后所得到的余数倒排列，即第一次相除所得的余数为 R 进制数的最低位，最后一次相除所得余数为 R 进制数的最高位。

例 7.4 把十进制数 $(100)_{10}$ 转换为二进制数。

```
除 2 取余              余数
2| 100      … …       0  (最低位)
2| 50       … …       0
2| 25       … …       1
2| 12       … …       0
2| 6        … …       0
2| 3        … …       1
2| 1        … …       1  (最高位)
   0
```

因此，$(100)_{10}=(1100100)_2$。

例 7.5 把十进制数 $(100)_{10}$ 转换为十六进制数。

```
除 16 取余            余数
16| 100     … …       4  (最低位)
16| 6       … …       6  (最高位)
   0
```

因此，$(100)_{10}=(64)_{16}$。

（2）小数部分的换算

将已知的十进制数的纯小数（不包括乘后所得整数部分）反复乘以 R，直到乘积的小数部分为 0 或小数点后的位数达到精度要求为止。第一次乘 R 所得的整数部分为 K_1，最后一次乘 n 所得的整数部分为 K_m，则所得 n 进制小数部分为 $0.K_1 \cdots K_m$。

例 7.6 把十进制数 $(0.625)_{10}$ 转换为二进制数。

```
乘 2 取整              整数部分
0.625
× 2
1.250                1(最高位)
× 2
0.500                0
× 2
1.000                1(最低位)
```

因此，$(0.625)_{10} =(0.101)_2$

例 7.7　$(0.3125)_{10} =($　　　　　$)_8$。

乘 2 取整	整数部分
0.3125	
× 8	
2.5	2(最高位)
× 8	
4.000	4(最低位)

因此，$(0.3125)_{10} =(0.24)_8$。

3. 二进制数与八进制数的相互换算

二进制数换算成八进制数的方法是：以小数点为基准，整数部分从右向左，三位一组，最高位不足三位时，左边添 0 补足三位；小数部分从左向右，三位一组，最低位不足三位时，右边添 0 补足三位。然后将每组的三位二进制数用相应的八进制数表示，即得到八进制数。

八进制数换算成二进制数：将每一位八进制数用三位对应的二进制数表示。

例 7.8　把二进制数$(10110001.0101011)_2$转换成八进制数。

原始数据　　　　10110001.0101011

分组数据　　　　10 110 001.010 101 1

补 0 数据　　　010 110 001.010 101 100

八进制　　　　2　6　1 . 2　5　4

因此，$(10110001.0101011)_2=(261.254)_8$。

例 7.9　把八进制数$(2376.473)_8$转换成二进制数。

原始数据　2376.473

分组数据　　2　3　7　6 . 4　7　3

二进制　　010 011 111 110 . 010 111 011

去 0 数据　　10 011 111 110 . 010 111 011

因此，$(2376.473)_8=(10011111110.010111011)_2$。

4. 二进制数与十六进制数的相互换算

二进制数换算成十六进制数的方法是：以小数点为基准，整数部分：从右向左，四位一组，最高位不足四位时，左边添 0 补足四位；小数部分：从左向右，四位一组，最低位不足四位时，右边添 0 补足四位。然后将每组的四位二进制数用相应的十六进制数表示，即可得到十六进制数。

十六进制数换算成二进制数：将每一位十六进制数用四位相应的二进制数表示。

例 7.10　将二进制数$(10110001.0101011)_2$转换成十六进制数。

原始数据　　　10110001.0101011

分组数据　　1011 0001.0101 011

补 0 数据　　1011 0001.0101 0110

十六进制　　　B　1 . 5　6

因此，$(10110001.0101011)_2=(B1.56)_{16}$。

例 7.11　将十六进制数$(2376.473)_{16}$转换成二进制数。

原始数据　2376.483

分组数据　2　3　7　6　.　4　8　3

二进制　　0010 0011 0111 0110 .　0010 1000 0011

去 0 数据　　10 0011 0111 0110 .　0010 1000 0011

因此，(2376.473)₁₆=(10001101110110.001010000011)₂。

7.2.3　数制转换工具

不同数制转换可以笔算得出想要的结果，但是比较烦琐易错，也可以采用在线转换或者下载转换工具等方法来实现。最常用的转换工具还是 Windows 计算器。使用 Windows 计算器可以方便快捷地进行二进制、八进制、十进制、十六进制之间的任意转换。打开 Windows 计算器，在查看菜单中选择"科学型"，如图 7-1 所示。

图 7-1　科学计算器窗口

假如要把十进制数 98 转换成到二进制数，首先通过计算器输入 98，单击"二进制"按钮，计算器就会输出对应的二进制数，如图 7-2 所示。

图 7-2　科学计算器计算二进制转化窗口

如果要转换成其他进制，单击对应的按钮就可以了。需要注意的是在 4 个进制按钮后面还有 4 个按钮，它们的作用是定义数的长度。"字节"把要转换数的长度限制为 1 个字节，即 8 位二进制数，"单字"是指 2 个字节长度，"双字"是 4 个字节长度，"四字"是 8 个字节长度。

7.3 计算机编码

7.3.1 西文信息编码

计算机不仅能进行数值数据处理，而且还能进行非数值数据处理，最常用的非数值数据处理是字符数据处理。字符在计算机中也是用二进制数表示，每个字符对应一个二进制数，称为二进制编码。

字符编码在不同的计算机上应该是一致的，以便于交换与交流。目前计算机普遍采用的是美国标准信息交换代码（American Standard Code for Information Interchange，ASCII），简称 ASCII 码。ASCII 码由美国国家标准局制定，后被国际标准化组织 ISO 采纳后，作为国际通用的信息交换标准代码。

ASCII 码有两个版本：7 位码版本和 8 位码版本。国际上通用的是 7 位码版本，即用 7 位二进制表示数字、英文字母、常用符号（如运算符、括号、标点符号等）及一些控制符等。7 位二进制数一共可以表示 $2^7=128$，即 128 个字符，其中包括：0~9 共 10 个数字，26 个小写英文字母，26 个大写英文字母，34 个通用控制符和 32 个专用字符，如表 7-3 所示。

表 7-3　　　　　　　　　　　　基本 ASCII 码表

$D_3D_2D_1D_0$ ＼ $D_6D_5D_4$	000	001	010	011	100	101	110	111
0000	NUL	DLE	SP	0	@	P	`	p
0001	SOH	DC1	!	1	A	Q	a	q
0010	STX	DC2	"	2	B	R	b	r
0011	ETX	DC3	#	3	C	S	c	s
0100	EOT	DC4	$	4	D	T	d	t
0101	ENQ	NAK	%	5	E	U	e	u
0110	ACK	SYN	&	6	F	V	f	v
0111	BEL	ETB	'	7	G	W	g	w
1000	BS	CAN	(	8	H	X	h	x
1001	HT	EM	)	9	I	Y	i	y
1010	LF	SUB	*	:	J	Z	j	z
1011	VT	ESC	+	;	K	[	k	{
1100	FF	FS	,	<	L	\	l		
1101	CR	GS	-	=	M	]	m	}
1110	SO	RS	.	>	N	^	n	~
1111	SI	US	/	?	O	_	o	DEL

表 7-4 所示为 ASCII 码中各种控制字符的功能。

表 7-4　　　　　　　　　　　　特殊控制符

控制符	功能	控制符	功能	控制符	功能	控制符	功能
NUL	空	HT	横向列表	VT	垂直制表	DC1	设备控制 1
SOH	标题开始	LF	换行	FF	走纸控制	DC2	设备控制 2
STX	正文开始	US	单元分隔符	CR	回车	DC3	设备控制 3

续表

控制符	功能	控制符	功能	控制符	功能	控制符	功能
ETX	正文结束	SO	移位输出	DLE	数据链换码	DC4	设备控制 4
EOT	传输结束	SI	移位输入	NAK	否定	ESC	换码
ENQ	询问	SP	空格	SYN	空转同步	SUB	减
ACK	承认	FS	文字分隔符	CAN	作废	DEL	删除
BEL	振铃	GS	组分隔符	ETB	信息组传递结束		
BS	退格	RS	记录分隔符	EM	纸尽		

7.3.2 中文信息编码

用计算机处理汉字时，必须先将汉字代码化，即对汉字进行编码。西方的基本字符比较少，编码比较容易，因此在一个计算机系统中，输入、内部处理、存储和输出都可以使用同一代码。汉字种类繁多，编码比较困难，因此在一个汉字处理系统中，输入、内部处理、存储和输出的要求都不尽相同，所以用的代码也不尽相同。根据汉字处理过程中不同的要求，主要有以下 4 类编码：汉字输入编码、汉字交换码、汉字内码和汉字字型码。它们之间的关系如图 7-3 所示。

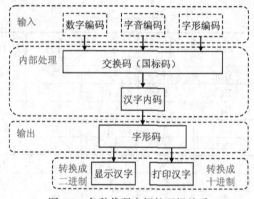

图 7-3　各种代码之间的逻辑关系

1. 输入码

中文的字数繁多，字形复杂，字音多变，常用汉字就有 7000 个左右。在计算机系统中使用汉字，首先遇到的问题就是如何把汉字输入到计算机中。为了能直接使用标准键盘进行输入，必须为汉字设计相应的编码方法。输入码是一种用计算机标准键盘上按键的不同排列组合来对汉字进行编码。一个好的输入编码法应满足以下条件。

（1）编码短，击键次数少。

（2）重码少，可盲打。

（3）好学好记。

尽管目前理论上的编码法有数百上千种，但常用的输入编码不外乎有数字编码、字音编码、字形编码和音形编码等几种。

2. 内部码

汉字内部码是汉字在设备或信息处理系统内部最基本的表示形式，是在设备和信息处理系统内部存储、处理、传输汉字用的代码。在西文计算机中，没有交换码和内部码之分。目前，世界各大计算机公司一般均以 ASCII 码为内部码来设计计算机系统。汉字数量多，用一个字节无法区分，一般用两个字节来存放汉字的内码。两个字节共有 16 位，可以表示 $2^{16}=65536$ 个可区别的码，如果两个字节各用 7 位，则可表示 $2^{14}=16384$ 个可区别的码。一般来说，这已经够用了。现在我国的汉字信息系统一般都采用这种与 ASCII 码相容的 8 位码方案，用两个 8 位码字符构成一个汉字内部码。

3. 汉字交换码

汉字信息在传递、交换中必须规定统一的编码才不会造成混乱。目前国内计算机常用汉字编码标准有 GB2312—1980、BIG5、GBK 等。汉字机内编码通常占用两个字节，第一个字节的最高位是 1，这样不会与存储 ASCII 码的字节混淆。

（1）GB2312 字符集

GB2312 又称为 GB2312—1980 字符集，全称为《信息交换用汉字编码字符集·基本集》，由原国家标准总局发布，1981 年 5 月 1 日实施，是我国国家标准的简体中文字符集。它所收录的汉字已经覆盖常用汉字 99.75% 的使用频率，基本满足了汉字的计算机处理需要。

GB2312 收录简化汉字及一般符号、序号、数字、拉丁字母、日文假名、希腊字母、俄文字母、汉语拼音符号、汉语注音字母，共 7445 个图形字符。其中包括 6763 个汉字，其中一级汉字 3755 个，二级汉字 3008 个；包括拉丁字母、希腊字母、日文平假名及片假名字母、俄语西里尔字母在内的 682 个全角字符。

GB2312 中对所收汉字进行了"分区"处理，每区含有 94 个汉字/符号。这种表示方式也称为区位码。它是用双字节表示的，两个字节中前面的字节为第一字节，后面的字节为第二字节。习惯上称第一字节为"高字节"，而称第二字节为"低字节"。"高位字节"使用了 0xA1~0xF7（把 01~87 区的区号加上 0xA0），"低位字节"使用了 0xA1~0xFE（把 01~94 区的区号加上 0xA0）。

以 GB2312 字符集的第一个汉字"啊"字为例，它的区号 16，位号 01，则区位码是 1601，在大多数计算机程序中，高字节和低字节分别加 0xA0 得到程序的汉字处理编码 0xB0A1。计算公式是：0xB0=0xA0+16, 0xA1=0xA0+1。

（2）GBK 字符集

GBK 字符集是 GB2312 的扩展（K），收录了 21886 个符号，它分为汉字区和图形符号区，汉字区包括 21003 个字符。GBK 字符集主要扩展了繁体中文字的支持。

（3）BIG5 字符集

BIG5 又称大五码或五大码，1984 年由我国台湾省的 5 家软件公司宏碁(Acer)、神通(MiTAC)、佳佳、零壹（Zero One）、大众（FIC）联合创立，故称大五码。

Big5 字符集共收录 13053 个汉字，使用了双字节储存方法，以两个字节来编码一个字。第一个字节称为"高位字节"，第二个字节称为"低位字节"。高位字节的编码范围 0xA1~0xF9，低位字节的编码范围 0x40~0x7E 及 0xA1~0xFE。

尽管 Big5 字符集内包含一万多个字符，但是没有考虑社会上流通的人名、地名用字、方言用字、化学及生物学科等用字，没有包含日文平假名及片假名字母，康熙字典中的一些部首用字（如"宀""疒""辵""癶"等）、常见的人名用字（如"堃""煊""栢""喆"等）也没有收录到 Big5 字符集之中。

（4）GB18030 字符集

GB18030 字符集的全称是《信息交换用汉字编码字符集基本集的扩充（GB18030—2000）》，是我国于 2000 年 3 月 17 日发布的汉字编码国家标准，2001 年 8 月 31 日后在我国市场上发布的软件必须符合本标准。

GB18030 字符集标准解决了汉字、日文假名、朝鲜语和我国少数民族文字组成的大字符集计算机编码问题。该标准的字符总编码空间超过 150 万个编码位，收录了 27484 个汉字，能满足东亚地区信息交换多文种、大字量、多用途、统一编码格式的要求。

GB18030 字符集与 Unicode 3.0 版本兼容，填补了 Unicode 扩展字符字汇"统一汉字扩展 A"的内容，并且与以前的国家字符编码标准（GB2312，GB13000.1）兼容。

（5）ANSI 编码

不同的国家和地区制定了不同的标准，由此产生了 GB2312、BIG5、JIS 等编码标准。这些使用 2 个字节来代表一个字符的各种汉字延伸编码方式，称为 ANSI 编码。在简体中文系统下，ANSI 编码代表 GB2312 编码，在日文操作系统下，ANSI 编码代表 JIS 编码。

（6）Unicode 字符集

Unicode 字符集编码是通用多八位编码字符集（Universal Multiple-Octet Coded Character Set，UCS）的简称，支持世界上超过 650 种语言的国际字符集。Unicode 允许在同一服务器上混合使用不同语言组的不同语言。它是由一个名为统一码联盟（Unicode Consortium）的机构制订的字符编码系统，支持现今世界各种不同语言的书面文本的交换、处理及显示。该编码于 1990 年开始研发，1994 年正式公布，最新版本是 2017 年 6 月 20 日公布的 Unicode 10.0。Unicode 是一种在计算机上使用的字符编码。它为每种语言中的每个字符设定了统一并且唯一的二进制编码，以满足跨语言、跨平台进行文本转换、处理的要求。

4. 汉字字形码

汉字字形码又称汉字输出码或汉字发生器编码。汉字输出码的作用是输出汉字。但汉字机内码不能直接作为每个汉字输出的字形信息，还需根据汉字内码在字形库中检索出相应汉字的字形信息后才能由输出设备输出。对汉字字形经过数字化处理后的一串二进制数称为汉字输出码。

7.3.3　多媒体信息编码

图形、图像、声音、视频等多媒体信息在计算机中也是以某种二进制编码表示和存储的，多媒体信息的编码方法与媒体本身的特性有关，比较复杂。例如，一个静态图像可以用被称为像素的显示点的矩阵来描述，一个像素点用一位二进制数表示其亮度，每一像素再用一个定长的二进制数表示颜色。

7.4　习　　题

一、选择题

1. 在计算机内部，用来传送、存储、加工处理的数据或指令都是以（　　　）形式进行的。
   A. 二进制　　　　　　B. 八进制　　　　　　C. 十进制　　　　　　D. 十六进制

2. 计算机中存储数据的最小单位是（　　　）。
   A. bit　　　　　　　B. Byte　　　　　　　C. word　　　　　　　D. bout

3. 在不同进制的四个数中，最小的一个数是（　　　）。
   A. $(11011001)_2$　　B. $(75)_{10}$　　　　C. $(A7)_{16}$　　　　D. $(37)_8$

4. 以下不属于二进制优点的是（　　）。

    A. 简易性　　　　　　B. 电路复杂　　　　　C. 可靠性　　　　　　D. 逻辑性

5. 最大的 15 位二进制数换算成十进制数是（　　）。

    A. 65535　　　　　　B. 255　　　　　　　　C. 32767　　　　　　D. 1024

6. 十六进制数 CDH 对应的十进制数是（　　）。

    A. 204　　　　　　　B. 205　　　　　　　　C. 206　　　　　　　D. 203

7. 下列 4 种不同数制表示的数中，数值最小的一个是（　　）。

    A. 八进制数 247　　　　　　　　　　　　B. 十进制数 169

    C. 十六进制数 A6　　　　　　　　　　　D. 二进制数 10101000

8. 下列字符中，其 ASCII 码值最大的是（　　）。

    A. NUL　　　　　　　B. B　　　　　　　　　C. g　　　　　　　　　D. p

9. 7 位 ASCII 码共有（　　）个不同的编码值。

    A. 126　　　　　　　B. 124　　　　　　　　C. 127　　　　　　　D. 128

10. 微机中 1KB 表示的二进制位数是（　　）。

    A. 1000　　　　　　B. 8×1000　　　　　C. 1024　　　　　　　D. 8×1024

11. 下列 4 种不同数制表示的数中，数值最大的一个是（　　）。

    A. 八进制数 227　　　　　　　　　　　　B. 十进制数 1789

    C. 十六进制数 1FF　　　　　　　　　　　D. 二进制数 10100001

12. 计算机的字长为 4 个字节，意味着（　　）。

    A. 能处理的字符串由 4 个英文字母组成

    B. 能处理的数据值最大为 4 位十进制数 9999

    C. CPU 一次传送的二进制代码为 32 位

    D. CPU 一次运算的结果为 $2^{32}-1$

13. 计算机通常以（　　）为单位传送信息。

    A. 字　　　　　　　B. 字节　　　　　　　C. 位　　　　　　　　D. 字块

14. ASCII 中文含义是（　　）。

    A. 二进制编码　　　　　　　　　　　　　B. 常用的字符编码

    C. 美国标准信息交换码　　　　　　　　　D. 汉字国标码

15. 在微机中，应用最广泛的字符编码是（　　）。

    A. 汉字国标码　　　　B. ASCII 码　　　　　C. 二进制编码　　　　D. 十进制编码

16. 汉字国际码（GB3212—1980）规定，每个汉字用（　　）个字节表示。

    A. 1　　　　　　　　B. 2　　　　　　　　　C. 3　　　　　　　　　D. 4

17. 下列 4 种不同数制表示的数中，数值最小的一个是（　　）。

    A. 八进制数 37　　　　　　　　　　　　　B. 十进制数 75

    C. 十六进制数 2A6　　　　　　　　　　　D. 二进制数 11011001

18. 将二进制数 1100100 转换成十进制数是（　　）。

    A. 110　　　　　　　B. 100　　　　　　　　C. 101　　　　　　　D. 99

19. 下列关于计算机基础知识的叙述中，正确的是（　　）。

    A. 32 位机的字长为两个字节　　　　　　B. 字节是标志计算机精度的一项技术指标

    C. 32MB=32000000B　　　　　　　　　D. 计算机系统由硬件和软件两部分组成

二、简答题

1. 计算机中的数据是指什么？

2. 什么是计算机中数据的表示方法？

3. 什么是 ASCII 码？已知一个英文字母的编码，如何得到其他英文字母的 ASCII 码？

4. 什么是国家标准汉字编码？一个汉字需要几个字节进行编码？为什么？